U0008885

創新前衛的分子料理
petit précis de cuisine moléculaire

20種容易理解的技法
40道顛覆味蕾的食譜

安娜・卡卓（Anne Cazor）＆克莉絲汀・雷納（Christine Liénard）合著

朱利安・阿塔（Julien Attard）攝影

感謝詞 Remerciements

感謝路薏絲－艾芙琳・里耶納（Louise-Elvine Liénard）、克麗絲黛兒・珍德（Christèle Gendre）及班哲明・達諾（Benjamin Darnaud）所給予的專業協助；感謝艾維・提斯（Hervé This）分享他在分子料理方面的淵博學識；感謝西斯摩工業設計公司（Sismo design）及勒盧餐具公司（Lelu）出借餐具及器材。感謝所有「試吃者」的參與及慷慨分享，還有尚－查爾斯・堤宏設計工作室（Jean-Charles Titren）為本書所作的設計。

簡介Introduction

科學引領我們探索這個大千世界，研究各種自然現象所引發的不同機制反應，而分子廚藝（Gastronomie Moléculaire）這門學問，即在探究烹飪過程所產生的各種變化，以及人們飲食感官上的普遍現象。這門學問也可以稱作食品科學。

技術運用科學知識，提供實務上可行的操作方法。在廚藝相關領域中，烹調技術乃應用分子廚藝及各種食品科學的知識，提出新式的操作方法。

廚藝融合了藝術和技術，與味道、產品的品質及廚師的能力皆密不可分；操作和理解實乃一體之兩面，這就是所謂的「分子料理」（Cuisine Moléculaire）。這種料理應用了廚藝中原有的技巧而創造出新的菜色、新的口感、新的風味、新的感受……。

目錄

材料與器材
Ingrédients et matériel

您應已發現到，我們在書中使用了一些改變食材質感的改良劑（如明膠、寒天等）及精密的儀器（精密磅秤、定溫加熱器等）。

我們也可以依照各種不同的操作需求，選擇改良劑的種類，而所有改良劑特性的適用範圍，都一一標明在產品的使用說明書上。舉例來說，明膠製成的凝凍並不適合用於熱食；相反地，寒天則非常適合用在溫度較高的菜肴上。

我們可以在書中看到一些不常見的特殊材料，也就是食品添加物。食品添加物是另外添加的物質，有時不具有任何營養成分，使用的目的僅只為了某些特殊技術的需要，譬如衛生、感官享受或營養需求。

本書食譜中所使用的食品添加物，並沒有任何份量上的限制，目前法令上也未制訂任何明文規範。但在此必須依照食譜，嚴格控管使用的份量，才能達到預期的結果（適量）。六歲以下的兒童，應該避免食用食品添加物。

此外，某些操作過程中要求使用特殊的器材。為了獲得更完美的成果，我們必須使用恆溫烤箱、精密磅秤等精密儀器。例如使用玻璃量杯，計量出來的數值絕不可能跟磅秤一樣精確。所以製作分子料理時，精確的計算及測量是成功的關鍵。

維生素C
Acide ascorbique

合成或從植物萃取出來的酸性物質。
可以用在食物裡增加酸味，或是避免水果或蔬菜氧化變黑。
歐盟食品添加物編號E300。

檸檬酸
Acide citrique

合成或從植物萃取出來的酸性物質。
可以用在食物裡，例如增添酸味。
歐盟食品添加物編號E330。

寒天（洋菜）
Agar-agar

從紅藻提煉出來的凝結劑。
大量運用在亞洲料理中，可以做出較脆質的果凍，也可以耐高溫（80℃以內）。
歐盟食品添加物編號E406

海藻酸鈉
Alginate de sodium

褐藻萃取物，增稠—凝結劑。
可以增加弱鈣性物質的黏稠度。若與鈣質產生作用，則會產生晶球化作用（sphérification）。
歐盟食品添加物E401。

注意：使用過的海藻酸鈉必須視為垃圾廢棄物，不能直接倒入水管裡，以免造成阻塞（因為海藻酸鈉會與水裡的鈣質結合，形成凝結現象而造成水管阻塞）。

小蘇打
Bicarbonate de sodium

小蘇打是合成作用後的產物。
可以用來中和酸性。
歐盟食品添加物編號E500。

鹿角菜膠
Carraghénane

從紅藻提煉出來的凝結劑。
添加鹿角菜膠的果凍較有彈性，可以耐高溫（不超過65℃）。
歐盟食品添加物編號E407。

明膠
Gélatine

動物性凝結劑。
添加明膠的果凍較有彈性，可以在口中溶化。
歐盟食品添加物編號E441。

大豆卵磷脂
Lécithine de soja

從大豆萃取的乳化劑。
使用大豆卵磷脂可以製作乳化劑（如水與油混合的狀態），
讓兩種彼此混合的液體狀態穩定。
歐盟食品添加物編號E322。

鈣離子鹽
Sel de calcium

鈣質來源（乳酸及／或葡萄糖酸乳酸鈣）。
可以增加食物的鈣質含量，並可以用來產生晶球化作用。
歐盟食品添加物編號E327-E578。

跳跳糖
Sucre pétillant

二氧化碳（CO_2，歐盟食品添加物編號E290）被鎖在糖裡。

精密磅秤
Balance de précision

可用來作更精準的秤重，尤其在測量食品添加物時，特別要求精準的重量。

濾斗
Chinois

圓錐形的濾網，網目極小，可以在過濾和倒入液體的同時去除雜質。

量匙
Cuillères douseuses

不同計量的半圓匙小把戲，雖然可以用來計量材料（食品添加物），但是功能還是比不上精密的磅秤。（詳見138頁量匙計量對照表）。

漏瓢
Cuillère à perles

有洞的湯瓢，非常適合在晶球化作用時用來瀝水。

擠壓瓶
Pipette

用來吸取液體，或其他特殊液態及稍微濃稠的液體，可以慢速地讓液體滴下（呈現一滴接著一滴或小水流狀）的器材。實驗室稱作「吸管」。

擦菜板
Râpe

用來磨碎食材。為了操作上的便利，刀片必須要夠鋒利。

注射器
Seringue

在料理上有兩種用途。可以讓液體一滴一滴慢慢滴下，以完成晶球化作用；在製造義大利直麵形狀的產品時，可用來將液體打入導管，待軟凍成形後，再利用注射器將軟凍推出。

氣壓奶油槍
Siphon

用來製作慕斯。需先裝填氣彈，再將它打入備料產生氣泡，製造出慕斯的效果。書中所使用的奶油槍只有用到氮氣瓶（可以得到泡沫慕斯或發泡鮮奶油）。

導管
Tube

用來製作義大利直麵形軟凍。專門設計來製作食品，以矽為材質，至少可以耐100℃以上的高溫。

定溫加熱器
Thermoplongeur

加熱器。搭配水槽使用，可以精確地控制溫度，是一種安全設備（控制水的高度、水溫等）。

技巧與操作
Techiniques & Applications

糖的溶解作用
La solubilisation des sucres

所謂溶解作用，就是指化合物在液體裡分解的意思。提高溫度將有助於這個現象的產生，而它也與溶液中存在的物質數量多寡有關。以糖，或者更精確地說，以蔗糖（saccharose；食用糖）而言，在20℃時我們可以溶解2公斤的糖於1公升的水裡，但在相同的情況下，糖並不能溶解於純酒精或油脂中。

500ml 糖漿
準備時間 5 分鐘
烹調時間 10 分鐘
靜置時間 1 小時

材
料

500g 細砂糖
500ml 水
50g 乾燥洛神花
10g 新鮮薄荷

洛神花糖漿：洛神花－薄荷糖漿
Sirop bissap : Sirop de fleurs d'hibiscus-menthe

操
作
方
法

- 乾燥洛神花以水沖洗過。
- 將水及砂糖一起煮開（指水裡的氣泡浮到表面）。
- 水煮開後關火，加入乾燥的洛神花及新鮮薄荷，蓋上鍋蓋，靜置，使其浸泡並冷卻至室溫（約 1 小時）。
- 將糖漿過濾、裝瓶。
- 放置冰箱冷藏保存。
- 食用時以一份糖漿對四到五份水，可依口味調整份量。

研究發現 糖在滾水裡溶解的情形。
因為溫度高，可以使糖在水裡更快溶解。

創意變化 可將乾燥的洛神花及薄荷換成其他香味植物（羅勒basilic、 芫荽coriandre、 薰衣草……），然後將之放入熱糖漿裡浸泡。自製糖漿時，嘗試使用不同材料做出令人驚豔的口味，可以為家庭聚會帶來新的氣息。

1塊巧克力

準備時間5分鐘

烹調時間10分鐘

靜置時間2小時

材
料 200g巧克力（黑、白或牛奶巧克力）

50g跳跳糖

魁皮多巧克力：跳跳糖巧克力
Crépito choco : Chocolat au sucre pétillant

操
作
方
法

- 將巧克力以小火隔水加熱，並不時加以攪拌使其融化。
- 當巧克力完全融化後，將其移開火源，用力攪拌直到變得光亮滑順為止。
- 靜置冷卻5分鐘。
- 將跳跳糖分兩到三次加到巧克力裡，然後快速攪拌，為跳跳糖裹上一層巧克力。
- 將巧克力平攤在料理用紙上，或是將巧克力灌入矽膠小模型。
- 靜置在陰涼處使其變硬成形。

研究發現

跳跳糖(糖塊含有二氧化碳)與巧克力結合。巧克力富含可可脂,但是糖不能溶解於脂肪,所以巧克力冷卻後,內部仍完整保有糖塊。跳跳糖一方面保有巧克力內部的濕潤,另一方面也保留住二氧化碳,因此賦予巧克力令人驚奇的口感。

創意變化

這種產品會在口中蹦裂,營造出驚奇的口感!喝咖啡前先加點跳跳糖,或是在水果塔或蛋糕鮮奶油上撒上一點,使甜點在口中形成更獨特的口感!

乳化作用
L'émulsion

乳化作用是指一種液體混溶分散到另一種液體當中、液體以小水滴的形態分散到另一種液體裡（但是兩者並不能相溶）。食物當中最為人熟知的例子，就是油脂散布在水中所造成的乳化作用。然而，這種乳化作用並不穩定，因為兩種液體並不相溶，所以會漸漸分離，最後形成分層的情況；反之，具有界面活性作用的分子（大豆卵磷脂la lécithine de soja、磷脂les phospholipides、明膠la gélatine……）則會填充在油滴與水滴之間，穩定乳化作用，避免兩種液體分離的情況發生。

材料

花生酥皮炸雞條
600g 雞胸肉
2 大包花生酥
（建議品牌：Curly®）
2 顆蛋
200g 麵粉
4 大匙葵花油
鹽、胡椒

茴香酒美乃滋
1 顆蛋黃
100ml 葵花籽油
1 大匙紅酒醋
3 小匙茴香酒
鹽、胡椒

茴香酒開味菜：茴香酒美乃滋、花生酥皮炸雞條

Apéro pastis : Mayonnaise au pastis, frites de poulet panées aux Curly®

操作方法

茴香酒美乃滋

- 將蛋黃和醋混合，以鹽及胡椒調味。
- 一邊攪打一邊慢慢加入葵花籽油，開始時只加入少許混合，等美乃滋稠化後，再將剩下的份量一次加入混合。
- 製作完成前加入茴香酒，攪打到美乃滋裡，再確認調味是否足夠。

花生酥皮炸雞條

- 將花生酥壓碎成粉末狀（用手直接壓碎或用研杵搗碎）。
- 加入鹽及胡椒。
- 雞胸肉切成條狀。
- 將雞胸肉拍上麵粉，沾蛋汁，最後裹上花生酥的碎屑。
- 完成上述步驟後以中火油炸 5 分鐘，並不時加以翻轉，使其上色均勻。

茴香酒開胃菜

- 烹調完成後，將酥炸雞條趁熱搭配茴香酒美乃滋食用。

27

究
發
現

脂肪（油脂）以小油滴的形態分布在水裡
（蛋黃及醋汁裡的水分），蛋黃裡的蛋白
質則填充在油與水的中間，可以使狀態穩
定下來。因此，最初只能加入一點點沙拉
油，使其形成「油在水裡」的乳化物。如果
一開始就加入太多的沙拉油，將變成「水在
油裡」的乳化物，如此便無法作出成功的美
乃滋。

創
意
變
化

將葵花籽油換成其他液體油脂（橄欖油、
核桃油、融化的奶油……）；至於蛋黃，
可以換成其他有界面活性分子的食材（蛋
白、明膠……），若裡面還需加入其他水
分，可使用帶有香味的液體（果汁、啤
酒……）。依照這個方法即可作出低脂蛋白
美乃滋、胡蘿蔔美乃滋等不同風味。讓我
們一起創造出更多令人驚奇的醬汁吧！

份量 6 人份

準備時間 10 分鐘

冷藏時間 3 小時

材料

冷湯

200g 草莓

20g 松子

6 大片新鮮羅勒葉

40g 瑪德蓮蛋糕

50ml 橄欖油

20ml 蘋果醋

100ml 甜味蘋果氣泡酒

草莓淋醬

100g 草莓

細砂糖

南北冷湯：草莓－青醬－蘋果酒冷湯、草莓淋醬

Gaspacho Nord-Sud :Gaspacho fraises-pesto-cidre, coulis de fraises

操作方法

草莓－青醬－蘋果酒冷湯

- 在沙拉盆裡，將大略切過的草莓、松子，用手撕碎的羅勒葉，切成塊的瑪德蓮蛋糕（madeleines），及蘋果醋和橄欖油混合均勻。表面加蓋，放入冰箱冷藏至少 3 小時。
- 之後用果汁機打碎，加入蘋果酒將其稀釋。
- 再用機器均勻打過一次。

草莓淋醬

- 用機器將草莓打成泥。
- 將打好的草莓醬依個人口味加糖調味。

南北冷湯

- 將冷湯倒入盛裝的玻璃容器，在表面淋上一層草莓淋醬。
- 冷卻後食用。

脂肪（主要來源為油脂）呈小油滴的形態散布在水裡（包含草莓、醋汁、蘋果氣泡酒等備料裡的水分）。磷脂（存在於植物細胞膜裡的界面活性劑）則填充在油滴與水分子之間，穩定水與油所產生的乳化作用。

如果水中的油脂含量不夠多，乳化物較稀，會形成「油在水裡」的情況。而在冷湯中，使湯汁濃稠的因素是因為湯汁混合了固態物（草莓果泥、瑪德蓮蛋糕……）的關係。

冷湯是一種以油、醋、麵包、水果及／或蔬菜，還有液體（水）為底所作的冷湯，通常為乳化物。我們可以將橄欖油換成別種油脂類材料（核桃油、芝麻油……）、蘋果醋換成其他種類的醋（巴薩米克醋 vinagre balsamique、雪莉醋 vinagre de xérès……）、馬德蓮蛋糕換成不同種類的麵包（雜糧麵包、無花果麵包……）、草莓也可以換成其他水果或蔬菜（甜菜根、小黃瓜……），蘋果氣泡酒則可用其他液體來取代（水、果汁……）。如此便可以作出許多不同種類的冷湯，鹹的或甜的，可在餐前作為開胃菜，或在餐後當作甜點！

大豆卵磷脂的空氣泡沫
La mousse aérienne de lécithine de soja

泡沫慕斯是指空氣散布在液體或固體裡的現象。在運用
這個技巧的過程中，慕斯的形成需歸功於界面活性劑。
大豆卵磷脂是由兩部分的分子所組成：一部分「喜歡」
水分（親水分子），一部分則「不喜歡」水分（不親水分
子），這些分子將填充在液體與氣泡（嘗試讓它發泡的部
分）之間，穩定發泡的狀態。
油脂會降低大豆卵磷脂的發泡狀態。事實上，大豆卵磷
脂多用於水與空氣混合所形成的泡沫，較少用於水與油
的混合物。

500ml 雞尾酒

準備時間 10 分鐘

冷藏時間 30 分鐘

材
料
150ml深色蘭姆酒（rhum ambré）

100ml咖啡利口酒（liqueur de café）

250ml冷咖啡

4g大豆卵磷脂

特烈咖啡：墨西哥泡沫咖啡
Stout café : Café mexicain mousseux

操
作
方
法

- 將深色蘭姆酒、咖啡利口酒和冷咖啡混合在一起。
- 加入大豆卵磷脂後，用攪拌器攪打。
- 之後將液體全部倒入奶油槍，並放進冰箱冷藏至少30分鐘以上。
- 替奶油槍裝上氮氣瓶，並旋緊噴頭，上下用力搖晃奶油槍，然後輕押把手，將之前裝入的液體打進玻璃杯裡。當奶油槍裡的液體剩下不到一半時，再重複前面的動作。
- 完成後應當盡快食用。

研究發現

這道食譜裡的咖啡經過奶油槍的處理，轉變成泡沫狀，並因為加入了大豆卵磷脂，泡沫狀態更為穩定。（使用奶油槍）快速地將空氣加進咖啡裡，會使大豆卵磷脂無法完全填充在氣泡與液體之間，這樣的處理讓沒被填充到的氣泡開始消退，而其餘的氣泡則會停留在咖啡表面，最後得到跟「啤酒」一樣的效果。

創意變化

慕斯，拜託了！只要將咖啡換成別種油脂含量較少的飲料，加入大豆卵磷脂（每100g的液體加入0.3到0.8g的大豆卵磷脂），接著將這個液體倒入奶油槍，如此一來就能作出番茄汁啤酒、茶啤酒、檸檬啤酒……諸如此類的產品。

12 條壽司

12 🥢

6 人份

○○○
○○○

準備時間 30 分鐘

◐

烹調時間 2 分鐘

○

（可有可無）

醬油空氣慕斯

100ml 醬油

30g 蜂蜜

2g 山葵醬

0.9g 大豆卵磷脂

爆米香壽司捲

300g 鮭魚排

4 塊爆米香

2 片海苔

2 大匙葵花籽油

鹽

醬油氣泡、蓬鬆壽司捲：
醬油空氣慕斯、爆米香壽司捲
Soja gonflé, sushi soufflé : Mousse aérienne de sauce soja, maki au riz soufflé

操
作
方
法

醬油空氣慕斯

- 將材料混合後，以電動攪拌器用力攪打。
- 出餐前再攪打一次，打的時候刀片頭應深入液體，盡可能往裡面帶入空氣。
- 收集表面形成的氣泡。可以重複攪打醬汁以取得所需的泡沫數量。

爆米香壽司捲

- 鮭魚排切成 4 公分長、2 公分寬的長條。
- 爆米香也切成相同大小。
- 海苔片裁剪成 4 公分寬的長條。
- 將鮭魚條平放在爆米香上面，再以海苔捲起來。
- 加熱平底鍋，倒入葵花籽油，將海苔捲每一面煎 30 秒（這個步驟可視個人口味而省略）。

醬油氣泡、蓬鬆壽司捲

- 壽司捲完成後，搭配一朵醬油泡沫慕斯一起食用。

研究發現
醬油泡沫慕斯的作法是以電動攪拌器帶入空氣，並以大豆卵磷脂使其固定成形。（以直立式電動攪拌器）將大量的空氣帶入醬汁，可使大豆卵磷脂填充在氣泡與液體之間，讓氣泡被鎖在液體之中，於是醬油慕斯成了像是「洗髮時所產生的泡沫」。

創意變化
將醬油換成任何一種帶有香味但油脂含量不高的液體，再加入大豆卵磷脂（每100g液體加入0.3到0.8g大豆卵磷脂），然後用機器攪打，這樣就可作出帶有大量空氣的慕斯來，例如使用蘋果汁、蒜頭、薑等都非常適合。因為使用這種技巧，會使醬汁含有大量的空氣，讓味道變得比較淡而柔和，所以必須使用風味較重的食材（香料、濃縮液……）

發泡鮮奶油
La chantilly

發泡鮮奶油是一種充滿泡沫的乳化物（詳見24頁）。
乳化物含有遇冷便凝聚在一起的脂肪成分，這會使其越冷越稠。將鮮奶油放在冰槽上方進行攪打，當空氣進到鮮奶油裡，並因為脂肪遇冷結晶化，會將空氣鎖在裡面，鮮奶油的溫度於是逐漸冷卻下來。

6人份
準備時間10分鐘
冷藏時間2小時

材料

覆盆子鮮奶油
200ml 全脂鮮奶油
（乳脂含量30%）
100g 覆盆子淋醬
（去果籽）
20g 細砂糖

荔枝及酥屑
6片布列塔尼酥餅
1罐荔枝或18顆新鮮荔枝

泰－布列塔尼：
覆盆子鮮奶油、荔枝夾心、布列塔尼酥餅屑
Thaï breizh : Chantilly framboise, cœur de litchi, crumble de palets bretons

操作方法

覆盆子鮮奶油

- 將鮮奶油、覆盆子淋醬及砂糖混合均勻。
- 倒入奶油槍中，放置冰箱冷藏至少2小時。

泰－布列塔尼

- 將布列塔尼酥餅搗成碎屑，放入玻璃杯，並在上面加上三顆切成小塊的荔枝。
- 奶油槍裝上氮氣瓶，旋緊噴頭，用力上下搖晃，然後在酥餅屑上方擠上覆盆子鮮奶油。
- 完成後應當盡快食用。

鮮奶油是一種富含脂肪的乳化物,脂肪遇冷便凝結在一起而變得更濃稠;此外,它還含有蛋白質及水分。使用奶油槍,不但可將空氣注入其中,還能使其冷卻(放入冰箱的這個步驟,通常是必要的)。當我們以奶油槍將氮氣打入鮮奶油時,鮮奶油中的脂肪會開始結晶化,有助於穩定其狀態,如此一來就能作出發泡鮮奶油的效果。淋醬的主要成分是水,能為鮮奶油帶來特殊的風味,又不會添加太多不必要的成分。若沒有奶油槍的話,我們可用隔水冷卻法(水加冰塊放在較大的容器裡,再將盛裝覆盆子鮮奶油的容器浸在裡面),一邊冷卻一邊攪打,作出覆盆子發泡鮮奶油。

可以用其他食材或帶有香味的材料來替換覆盆子淋醬(香料、能多益榛子果仁可可醬Nutella®……),口味可鹹可甜。只要將之與鮮奶油混合,便能獲得濃稠的乳化物,然後以隔水冷卻並同時攪打的方式,或是使用奶油槍(一定要確保裡面不含顆粒而且滑順,如此才不會阻塞奶油槍的噴嘴),藉由冷卻使脂肪包覆住空氣並且結晶,形成具有「獨特風味」的發泡鮮奶油,也就是口感輕盈、或甜或鹹的成品。

4人份
準備時間20分鐘
烹調時間20分鐘
冷藏時間2小時

材料

肥肝鮮奶油
100g 半熟肥肝醬
70ml 純蘋果汁

血腸醬
2大塊血腸(共250g)
3顆紅蔥頭
3小匙鴨油
100ml 純蘋果汁
鹽、胡椒

卡瓦：肥肝鮮奶油、紅蔥頭血腸醬

Caoua : Foie gras chantilly, crème de boudin noir aux échalotes

操作方法

肥肝鮮奶油
- 以機器攪打混合半熟肥肝醬(先回溫到室溫,比較好操作)和蘋果汁。
- 再以濾網過篩(打好的肝醬一定要細緻滑順,否則會造成奶油槍噴頭堵塞)。
- 過篩後的肝醬放入奶油槍,然後置於冰箱冷藏至少2小時。

紅蔥頭血腸醬
- 紅蔥頭細切。
- 取平底鍋,將切碎的紅蔥頭和鴨油用小火炒過,並加鹽調味。當紅蔥頭軟化時離火(需時約10分鐘)。
- 同樣的平底鍋內,放入血腸,用叉子叉住並將血腸每一面都煎黃(需時約10分鐘)。
- 去除血腸的腸衣。
- 將血腸、紅蔥頭、蘋果汁及胡椒用機器打碎,然後確認調味是否足夠。

卡瓦
- 在濃縮咖啡杯裡倒入3/4杯溫熱的血腸醬。如果可能,先將杯子用微波爐稍微加熱過。
- 將奶油槍裝上氮氣瓶,並旋緊噴頭,上下用力搖晃瓶子,在血腸醬的表面擠上一層肥肝醬鮮奶油。
- 完成後應當盡快食用。

肥肝和蘋果汁混合後會產生乳化作用，因
為肥肝裡的脂肪經冷卻後，會使混合物變
得濃稠。這個乳化物還含有由肥肝而來的
蛋白質，以及由蘋果汁而來的水分。使用
奶油槍可將乳化物轉變成發泡鮮奶油狀。

將肥肝換成另一種富含脂肪、在低溫時變
得更濃稠的食材（巧克力、酪梨、洛克福藍
黴乳酪Roquefort……），蘋果汁則換成其
他液體（柳橙汁、檸檬茶、百里香香草茶、
雞高湯……）。把這些材料攪拌在一起，會
形成較濃稠的乳化物。接著以隔水降溫並
同時攪打的方式，或是使用奶油槍，使脂
肪經冷卻而結晶，拌入穩定混入的空氣。
讓這些原本口感「濃厚」的食材，搖身一變
為口感「輕盈」、或甜或鹹的食物。

易溶軟凍
Le gel fondant

由分子組成的網絡將水分鎖住，形成軟凍。這個網絡的組
成物可以是蛋白質（明膠、雞蛋裡的蛋白質……）或多醣
體polysaccharides（洋菜、鹿角菜膠carraghénane……）。
明膠是一種從肉類或魚類中提煉出來的蛋白質。這種蛋
白質具有凝結的特性，我們可以透過由蛋白質組成的網
絡，將液體轉變成「凝膠」。
明膠遇熱就會融化（不超過50℃），而大約10℃就會凝
結。只要將凝膠重新加熱到37℃以上，便會開始融化。

20塊茶凍　　　　　　20 🍵

或10杯茶　　　　　　10 🥤

準備時間15分鐘　　　◔

烹調時間30分鐘　　　◑

冷藏時間2小時　　　❄❄

材料

450ml純蘋果汁

150ml熱開水

1顆煮熟甜菜根（約125g）

2袋伯爵茶包

30~50g細砂糖（依口味而定）

10g明膠片（5片）

速泡茶：蘋果－甜菜根茶凍塊
Instantanéi-thé : Cubes gelés de thé pomme-betterave

操作方法

- 將明膠片泡入冷水使其軟化。
- 蘋果汁加熱濃縮到1/3的份量，最後只剩150ml的濃縮果汁（約煮30分鐘）。如果熬煮時表面產生浮渣，應將浮渣撈除。
- 甜菜根切小塊與熱開水一起用果汁機打碎。
- 打碎後，果肉繼續浸泡2分鐘再過濾，可以得到150ml的甜菜汁。
- 將濃縮蘋果汁與甜菜汁混合，接著煮開。
- 果汁煮開後關火，放入茶包浸泡3到4分鐘。
- 接著放入細砂糖，再起火使砂糖融化，煮開茶汁。煮開後離火，加入泡軟的明膠片，用打蛋器攪拌，使明膠在茶汁裡完全融化。
- 將茶汁倒入製冰盒或模子（成形後再切成小方塊）。
- 放在室溫下冷卻，接著放進冰箱冷藏最少2小時。
- 每個杯子裡擺2到3塊小茶凍（可依杯子大小及個人口味的不同，調整茶凍的數量），接著注入滾水。
- 攪拌後即可飲用。

研究發現

加入明膠的茶汁經過冷卻就會凝結，凝結後再加入熱水，又會化成水，香氣也隨之散發出來。此時茶汁即使再冷卻，也不會再凝結了，因為明膠的含量已經被水稀釋，沒有足夠的膠質可以將水鎖在當中產生凝結的現象。

創意變化

我們也可依個人喜好作出其他各種不同口味的茶凍。將茶汁加熱，再加入明膠（每100g的液體加入最多3g的明膠），接著使其冷卻。任何口味都能做成茶凍，而且在任何時候都能立即做出來，不妨大膽嘗試各種口味的茶、咖啡、香草茶凝凍吧！包括水果、蔬菜、香料、香精等都可試試。還可以嘗試將熱牛奶澆到由可可做成的果凍上，或甚至將熱紅酒澆到由香料及橙皮做成的果凍上。

4人份
準備時間20分鐘
烹調時間45分鐘
冷藏時間2小時

材料

高湯凍
3g明膠片（1+1/2片）
500ml水
1小支帶髓骨
1支肉桂棒
1顆八角
6顆芫荽籽
1/2顆洋蔥
2cm生薑
1大匙細砂糖

1/2顆檸檬汁
2大匙魚露
1大撮鹽

湯麵
100g越南粗米粉
200g牛肉
1顆洋蔥
2支芫荽
800ml水

越南牛肉湯：高湯凍、湯麵
Soupe pho : Cubes bouillon, soupe de nouilles

操作方法

高湯凍

- 將明膠片浸入冷水軟化。
- 將水、帶髓骨、肉桂棒、八角、壓碎的芫荽籽、半顆切片的洋蔥、去皮切片的生薑及糖放入湯鍋，用中火慢煮濃縮（約40分鐘），過濾後可以得到約80ml的高湯。烹煮時要將表面浮渣撈起。
- 在高湯裡加入檸檬汁、魚露及鹽。
- 充分攪拌後，再以中火加熱。
- 待湯汁沸騰後關火，加入軟化的明膠片，用打蛋器充分攪拌，讓明膠片溶化。
- 將高湯倒入軟質的製冰盒或高2公分的正方形模子（高湯凝結後要切成4小塊）。
- 讓高湯在室溫下冷卻，再放進冰箱冷藏至少2小時。

湯麵

- 將米粉放在鍋裡，倒入溫水浸泡30分鐘。再將米粉滾煮1分鐘，濾去水分。
- 在麵碗裡放入少許米粉、切成薄片的生牛肉、切薄片的洋蔥及幾片新鮮芫荽葉。
- 在碗裡倒入200ml的滾水，並加入1塊高湯凍。
- 食用前先攪拌均勻。

研究發現

雖然這道食譜與前一道大同小異，都是利用明膠中的膠質在37℃以上便溶解的特性，但是其中最大的不同在於——這道食譜的高湯凍裡並沒有糖分。而沒有糖分的高湯凍，彈性不如加了糖分的其他凍膠。

創意變化

想做出其他口味的高湯凍，可在裡面加入個人喜好的高湯、鄉村湯或亞洲式湯品。將湯煮開，加入明膠（每100g的湯汁加入最多3g的明膠）然後放涼。可以做出醬油－芫荽－薑味－萊姆的高湯凍、「香草束」的高湯凍……。為這些小方塊再加入更辛辣的口味吧！

慕斯軟凍
La mousse gélifiée

慕斯就是氣體散布在液體裡所產生的現象。

如果用打蛋器攪打水，就會產生泡沫並浮升到液體表面。

又，如果液體含有明膠的成分（一種具有界面活性及凝結作用的分子），被攪打入這個液體的空氣氣泡會因為明膠而安定下來（明膠填充在水與空氣氣泡之間），而液體也會因為溫度下降而開始凝結（因為明膠把水鎖在它所形成的網絡裡）。當凝結作用產生時，同時也把空氣氣泡鎖在網絡裡，就能得到凝結的慕斯軟凍了。

20個棉花糖

準備時間30分鐘

烹調時間8分鐘

靜置時間1小時

冷藏時間2小時

20

材料

300g 細砂糖

1 大匙細砂糖

200ml 白薄荷糖漿

2 顆蛋白

16g 明膠片（8片）

100g 糖粉

200g 黑巧克力

對比棉花糖：白薄荷棉花糖覆巧克力外皮
Guimauve polaire : Guimauve à la menthe glaciale enrobée de chocolat

操作方法

- 將明膠片泡到冷水裡軟化。
- 取一個小平底鍋，將白薄荷糖漿與糖一起用中火煮到沸騰，沸騰後繼續滾7~8分鐘（如此會在表面產生泡泡）。
- 將蛋白打發，加入1大匙砂糖並繼續攪打。
- 糖漿離火後加入軟化的明膠片，用打蛋器攪拌，讓明膠完全溶化。
- 一邊攪打蛋白一邊將糖漿慢慢加到蛋白裡（使用電動打蛋器操作較為理想，高速打發）攪打必須持續5分鐘以上。
- 攪打完將蛋白倒入方形模子裡，高度約2~3公分。
- 先放在室溫下冷卻，再放入冰箱冷藏至少2小時以上。
- 當棉花糖成形後將之脫模，表面撒上糖粉（如此較不容易沾黏）。
- 將棉花糖切成小方塊，並在每一面撒上糖粉。
- 巧克力隔水加熱，待其完全融化後離火，用刷子將巧克力刷在棉花糖表面。
- 之後，將棉花糖放在陰涼處讓表面的巧克力凝固。

研究發現

蛋白（內含水分及蛋白質）打發後呈現慕斯狀，在這個慕斯裡加入明膠可固定形態，如此就能獲得凝結的慕斯。明膠最好先溶解到糖漿裡而不是蛋白裡，因為要讓明膠完全溶解必須經過加熱，但是蛋白只要一經加熱就會凝固結塊（詳見54頁）。此外，糖漿也會為這個凝固的慕斯帶來黏稠而有彈性的口感。

創意變化

將白薄荷糖漿換成其他種類的糖漿：檸檬、覆盆子、焦糖、杏仁花、紫羅蘭（市面上所販賣的種類或自製糖漿，詳見20頁）。操作方法一樣也是先讓明膠溶解到糖漿裡（每100g糖漿需要最多3g的明膠），接著加入打發的蛋白，然後讓其冷卻。也可以由此創造出其他各種口味或形狀的自製棉花糖。

4人份
準備時間25分鐘
烹調時間35分鐘
靜置時間1小時
冷藏時間2小時30分

慕斯軟凍
3顆蛋黃
150ml水
1/2塊高湯塊
（雞湯、蔬菜湯……）
6g明膠片（3片）

蔬菜雜燴
1顆青椒
1顆紅甜椒
4顆中等番茄
1大顆洋蔥
2瓣大蒜
3大匙橄欖油
2撮糖
1大匙匈牙利紅椒粉
1大匙磨碎芫荽籽
鹽

材料

夏舒卡什錦燉菜：蛋黃慕斯軟凍，蔬菜雜燴
Chakchouka : Mousse gélifiée de jaunes d'œufs, ratatouille

操作方法

慕斯軟凍
- 將明膠片浸泡冷水使其軟化。
- 將水及高湯塊倒入鍋子一起煮開。
- 當高湯煮開後離火，放入明膠片，用打蛋器攪拌使其完全溶化。
- 接著倒進沙拉盆裡，放置在室溫下冷卻（大約30分鐘）。
- 將沙拉盆放在冷水上，蛋黃打散後直接用濾網過濾到沙拉盆的高湯裡。此時應一邊攪打高湯一邊加入蛋黃（建議使用電動打蛋器較方便）。
- 混合完成後馬上倒入模子裡，放入冰箱冷藏至少2小時。

蔬菜雜燴
- 洋蔥切圓片，甜椒切小丁，番茄切丁，蒜頭切薄片。
- 取平底鍋，熱鍋，倒入橄欖油，再下洋蔥、甜椒、鹽，一同以小火翻炒7~8分鐘。
- 加入蒜頭及香料，再炒2分鐘。
- 隨後加入番茄、糖及鹽，鍋蓋蓋一半再煮大約20分鐘（將湯汁收乾即可）。確認調味是否足夠。
- 先在室溫下放涼，再放入冰箱冷藏。

夏舒卡什錦燉菜
- 將蛋黃慕斯軟凍放在冷的蔬菜雜燴上即成。

研究發現

明膠片在熱水裡溶化,接著在裡面加入蛋黃。明膠在此產生界面活性及凝結作用,一方面讓高湯及蛋黃中的脂肪結合,另一方面則讓高湯及蛋黃的乳化物攪打成慕斯,並將其凝結起來。

創意變化

可依口味的選擇更換高湯及蛋黃。當明膠溶化後(每100g液體最多放3g明膠),將液體一邊攪打冷卻,一邊讓其凝結。從這個原理還可以做出橄欖油、胡蘿蔔汁或葡萄汁、茶、百里香香草茶等口味的慕斯軟凍,同時也可以塑造出任何期望的造型。

雞蛋蛋白質的凝固作用
La coagulation des protéines de l'œuf

蛋白含有90%的水分及10%的蛋白質。蛋黃含有60%的
水分、33%的脂肪及17%的蛋白質。

在一些情況下（溫度、pH值等），有些蛋白質會產生凝固
的作用（也就是說，可以彼此連接並且形成網絡）。蛋白
與蛋黃的成分不盡相同，所以凝固的溫度也有所不同。

從61℃起，雞蛋中的蛋白質（也就是蛋白裡的蛋白質）
開始凝固，隨著溫度持續攀升，雞蛋裡的其他蛋白質（蛋
白及蛋黃中的蛋白質）依續開始凝固，形成越來越堅固的
網絡。烹調溫度不同，烹調過的雞蛋質感也會截然不同。

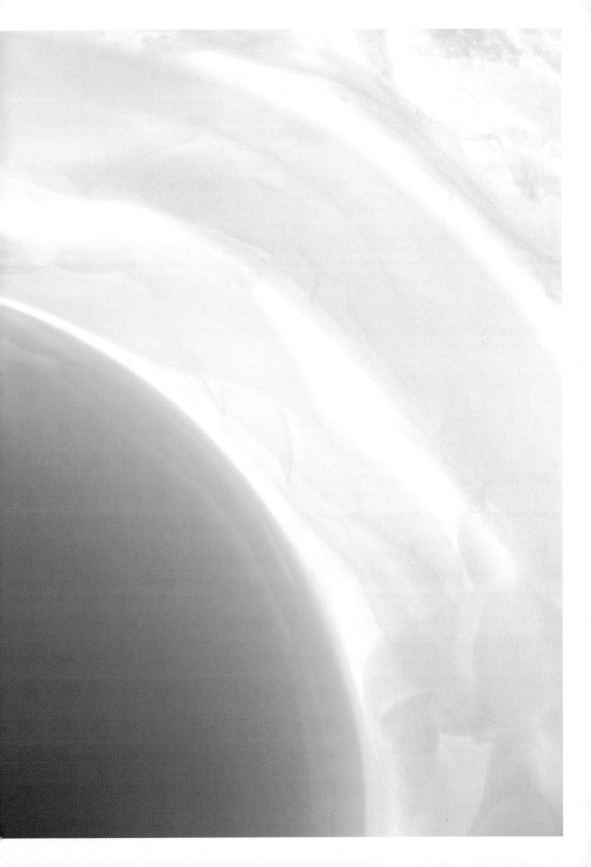

12支金合歡小木棒
準備時間15分鐘
烹調時間15分鐘

12
🕐
🕐

材
料

12根義式麵包棒
1大顆蛋
4顆去籽黑橄欖
4支新鮮芫荽
2大匙美乃滋

金合歡小木棒：普羅旺斯風味水煮蛋與麵包棒
Mikado mimosa : Œuf dur à la provençale sur gressins

操
作
方
法

- 鍋入冷水，放入雞蛋煮到水滾，水滾後再煮10分鐘。接
  著將煮熟的水煮蛋浸入冷水冷卻，然後去殼。
- 將黑橄欖及芫荽細切，水煮蛋用粗網目的擦菜板磨碎。
- 將上述三種材料略為混合。
- 麵包棒一半塗上美乃滋，滾上混合好的水煮蛋－黑橄欖－
  芫荽即可。

研究發現

全蛋被放到100℃的水裡煮，在這個溫度下，全蛋的蛋白質會完全凝結住。這種情況下的水煮蛋，蛋白的口感有韌性、蛋黃的口感則有沙沙的感覺，如此一來，蛋就可以輕易地磨碎。

創意變化

利用雞蛋的特性賦予菜肴另一種「口感」！想做出更濃稠的英式蛋黃醬嗎？那麼在裡面加入全蛋吧！想做出更軟嫩的法式鹹塔嗎？就在鹹塔餡料裡加入蛋黃吧（蛋黃富含油脂，可以帶來多汁的感覺）！想做出更堅挺的布丁嗎？就在裡面加入蛋白吧（蛋白富含蛋白質，可加強結締作用）！

32顆糖果 　　　 32●
4人份 　　　　 ○○
 　　　　　　 ○○
準備時間15分鐘 　 ◔
烹調時間1或2小時 ●●/●●
靜置時間30分鐘 　 ◑

材料　4顆蛋黃
　　　15g香草糖

蛋黃甜心：67℃蛋黃球、香草糖
Sweet yolk : Billes de jaune d'œuf à 67°C, cristaux de vanille

操作方法

定溫水槽
- 將生蛋黃小心地放進冷凍用塑膠袋中，浸入定溫水槽，水溫設在67℃。
- 在水槽中以定溫烹煮至少1小時，之後放置室溫冷卻。

低溫烤箱
- 將全蛋連蛋盒（必須是紙盒）一起放入烤箱，以67℃至少烤2小時。接著把烘烤過的蛋用冷水沖洗過，之後放置室溫冷卻。
- 用一般敲開生雞蛋的方式敲開烘烤過的蛋，將蛋黃取出。

蛋黃甜心
- 將蛋黃表面的膜衣去掉，然後一分為二，再將半顆蛋黃分成4份（也就是說，一顆完整的蛋黃可以分成8份）。
- 將每份蛋黃搓成小球，再滾上香草糖。
- 完成後即可食用。

研究發現

蛋黃在67℃時就會煮熟。但是在這個溫度下，蛋黃中的蛋白質並不會完全凝結，此時蛋黃的質地變得柔軟，具有延展性且可用來塗抹。

創意變化

蛋黃的溫度在67℃時，形體可做多種變化：方塊、肉腸狀、管狀等。可以被塑形，也可以用來填塞（瓦片餅、泡芙、蔬菜等）或塗抹。我們可以研究在各個不同溫度下，雞蛋中蛋白質凝固的情形（攝氏65℃、66℃、67℃、68℃……），而為了獲得更多不同的質感變化，也可以拿蛋白來做同樣的實驗，做出或甜或鹹的口味，或任何更天馬行空的變化！

蛋白餅
La meringue

蛋白餅結合了三種技巧：泡沫慕斯、蛋白質凝固及熱乾
燥作用。

蛋白餅的作法是糖與蛋白一同打發，接著放入烤箱烘乾。

- 當我們進行攪打蛋白的動作時（蛋白加水），蛋白質會
  因此翻轉，將水及空氣鎖在蛋白質所形成的網絡裡，
  如此一來就可以獲得泡沫慕斯。

- 將糖與蛋白一起打發的過程，可以增加泡沫慕斯的黏
  性及穩定性，如此可讓慕斯更堅挺。

- 將蛋白霜放入烤箱的步驟除了可將蛋白霜烤熟，也能
  使其乾燥。蛋白裡的蛋白質凝固（詳見54頁「雞蛋蛋白質的
  凝固作用」）而水也同時蒸發（詳見84頁「熱乾燥作用」），最後
  得到固態的慕斯。

8個奧弗涅蛋白餅 8
準備時間15分鐘
烹調時間2小時

材料
3顆蛋白
180g 細砂糖
160g 奧弗涅藍黴乳酪

奧弗涅蛋白餅：法式蛋白餅、奧弗涅藍黴乳酪
Meringue auvergnate : Meringue française, bleu d'Auvergne

操作方法

法式蛋白餅
- 先將烤箱預熱到90℃。
- 蛋白打到硬性發泡。
- 攪打蛋白時，將砂糖分次加到蛋白裡（建議使用電動打蛋器，高速打發）。
- 烤盤上先鋪一層矽製烤盤墊或烤盤紙，再將打發的蛋白直接分成小份量或用花嘴擠出希望的形狀。擠放蛋白霜時，應讓其各自保持間隔，接著放入烤箱烤2個小時以上，烤箱的門留個小縫不用完全關閉。烤好的蛋白餅應該很容易就能脫離烤盤紙，並且表面沒有上色。

奧弗涅蛋白餅
- 將奧弗涅藍黴乳酪切成與蛋白餅一般大小，厚約1/2公分的塊狀。
- 以兩塊蛋白餅夾一塊乳酪的方法組合起來，即可食用。

研
究
發
現

蛋白打發後加入糖，糖在這裡的角色是吸濕作用，可以保留住蛋白泡沫中的水分，讓打發的蛋白霜質地堅挺。接著蛋白霜在烤箱裡烘烤數小時進行乾燥過程，這個步驟不但可以讓蛋白凝固，還可以讓蛋白中的水分蒸發，如此便能獲得固態的泡沫慕斯——蛋白餅。

烘烤時烤箱溫度設定在90℃，讓蛋白餅的表面不會因為烘烤而造成上色的現象（詳見66頁「焦糖化作用」及72頁「梅納反應」）。

創
意
變
化

可以試著改變烹調的時間來改變蛋白餅的質感：酥脆（完全乾燥），或是中心還保持濕軟的感覺（不完全乾燥）。另外，要注意溫度的控制，讓蛋白餅保持白皙（溫度不超過95℃），或是烤上色（比95℃更高的溫度）。自製的蛋白餅可以在點心時間享用，或是當作開胃酒點心與鹹味食材一同搭配出甜鹹雙重滋味。

24個風之晶 24
準備時間15分鐘
烹調時間2小時20分
靜置時間20分鐘

材料

4顆蛋白
50ml水
5片新鮮薄荷葉
5滴甘草濃縮液
（建議品牌：安鐵基特〔Antésite®〕）
120g細砂糖
120g糖粉

風之晶：甘草－薄荷蛋白餅
Cristal de vent : Meringue aérienne réglisse-menthe

操作方法

- 烤箱預熱到120℃。
- 取小平底鍋，將水加熱到沸騰，水滾後離火，加入新鮮薄荷葉及甘草濃縮液。然後加蓋，讓內容物浸漬最少20分鐘以上。
- 接著將薄荷葉濾掉，只保留茶汁。
- 將蛋白打發，打發至一半時加入其他材料，一邊加入一邊打發（建議使用電動打蛋器，中速打發）將薄荷－甘草汁、細砂糖、糖粉，依序少量少量地加到蛋白裡打發。
- 烤盤上先鋪一層矽製烤盤墊或烤盤紙，再將打發的蛋白直接成小份量或用花嘴擠出希望的形狀，各自保持間隔排在烤盤上。
- 先烤20分鐘，之後將溫度調降到100℃，再烤約2小時。
- 在室溫下放涼後即可食用。

研究發現

為了得到泡沫慕斯，我們需要空氣、界面活性分子及水分。在風之晶的食譜中，空氣和富含蛋白質的蛋白（界面活性分子）是不可或缺的。然而蛋白裡的水分含量有限，使得慕斯的漲發現象因此受限，為了讓慕斯更漲發，在攪打蛋白的同時，我們加入調味過的水分。當打發的蛋白裡加了糖粉後，就可將蛋白霜放入120℃的烤箱裡烘乾（如此才能快速讓表面乾燥又不會流失太多的水分），接著將烤箱降溫到100℃，如此蛋白霜不會過度上色，又能同時完成烘乾的手續，烤出輕盈鬆脆的蛋白餅。

創意變化

把食譜中的甘草－薄荷汁換成其他調味過的液體（覆盆子或荔枝的果汁，白酒或紅酒等）。將這些液體加到打發的蛋白霜裡，再放入烤箱烘乾，就能做出特別輕盈的蛋白餅──有如品嘗雲朵般的感覺。

焦糖化作用
La caramélisation

焦糖化作用為一種糖經過烹煮後所生成的反應，這個反應會改變食材原有的顏色及味道，是一種無關酵素的褐化反應。

傳統的焦糖是由食用糖（蔗糖）及水一起加熱到高溫（在95℃到150℃之間）而製成。

在加熱的過程中，水分蒸發，蔗糖分化成兩種單醣：葡萄糖及果醣。隨著溫度上升，這兩種單醣會重新結合，形成另一種帶有顏色及香氣的分子。

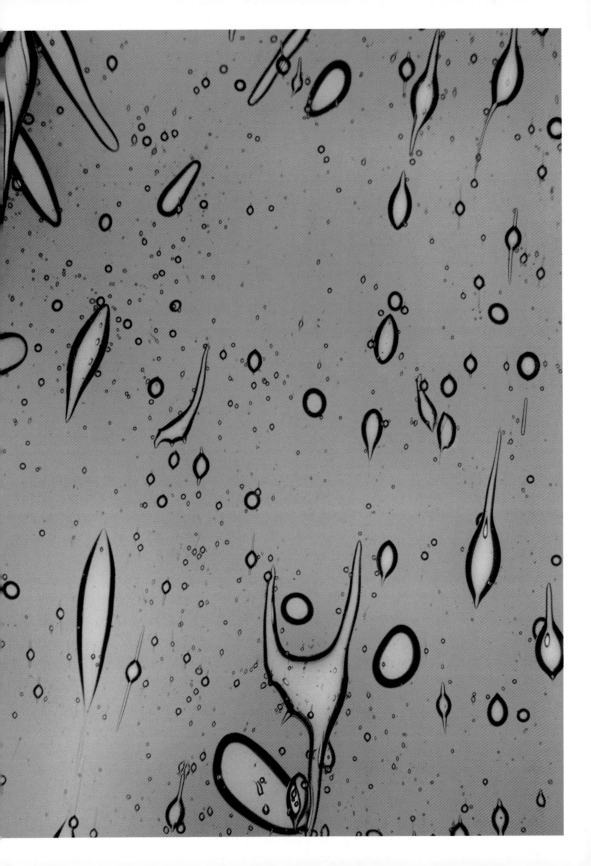

6人份
準備時間 10 分鐘
烹調時間 20 分鐘

材
料

6 大顆金冠蘋果
450g 細砂糖
60ml 水
100g 糖粉

二次方愛之果：硬脆焦糖、蘋果
(Pomme d'amour)² : Caramel croquant, pomme

操
作
方
法

- 蘋果清洗乾淨，去除蒂頭。將蘋果修掉多餘的部分，切成若干立方塊。
- 將蘋果塊的每一面沾上篩過的糖粉，然後每個蘋果塊都插上一支冰棒棍。
- 取小平底鍋，倒入水跟細砂糖，一邊用中火加熱一邊攪拌，煮到糖漿變成褐色（約 15 到 20 分鐘）。
- 將焦糖漿離火，再將蘋果快速地浸入糖漿，一邊沾一邊轉動蘋果，讓每一面都能均勻沾到糖漿，接著將蘋果拿到鍋邊輕輕敲打一下，去除多餘的焦糖漿。
- 將沾過焦糖漿的蘋果浸入冰水 5 秒鐘，最後放在抹了奶油或是鋪了保鮮膜的盤子上，冰棒棍保持在蘋果的上方。
- 可以馬上食用，或放置冷藏保存。也可以將蘋果切成更小的方塊，再插上牙籤，以同樣的步驟做出迷你的愛之果。

研究發現

當糖漿煮沸時，溫度極高，這時會產生焦糖化反應，並同時為糖漿帶來咖啡的色澤及焦糖的特殊香氣。在這道食譜裡，焦糖漿最後所含的水分極少，所以一旦焦糖冷卻，就會凝固成塊。

創意變化

利用焦糖冷卻後會凝固的現象，作為蘋果外層的結晶層！這個現象也可以應用在其他種類「彩色玻璃」的效果上（如棒棒糖、玻璃瓦片餅等）；此外，我們也可以利用這個現象創造出兩種截然不同的口感（硬脆及軟綿），例如可以將焦糖包裹於硬質食物的外層（但是必須注意，焦糖的溫度極高，盛裝的器皿必須能承受高溫）。

6人份

準備時間10分鐘

烹調時間30分鐘

靜置時間25分鐘

冷藏時間30分鐘

材料

芥末籽焦糖醬
30g 芥末籽醬
30ml 淡色啤酒
100g 細砂糖
1 小匙白醋

鮮羊奶乳酪布丁
200g 新鮮羊奶乳酪
（建議品牌：小比利〔Petit Billy®〕）
300ml 全脂鮮奶油
2.5g 寒天
鹽、胡椒

迪戎布丁：芥末籽焦糖醬、鮮羊奶乳酪布丁
Flanbi dijonnais : Caramel de moutarde à l'ancienne, flan de chèvre frais

操作方法

芥末籽焦糖醬
- 取打蛋盆，在盆裡將芥末籽醬及啤酒混合。
- 接著在小平底鍋裡將糖及白醋一起用中火加熱，直到顏色轉為褐色的糖漿（約15到20分鐘）。
- 將煮好的焦糖漿離火，將芥末籽醬及啤酒的混合液少許少許地加入，同時拌勻（倒入混合液時，因為冷熱不一，所以會產生噴濺的情況，需要小心操作）。全部加入並攪拌均勻後，再以小火煮5分鐘，使其成為糖漿狀。
- 接著將這些糖漿分裝在6個模型內。

鮮羊奶乳酪布丁
- 將鮮乳酪及鮮奶油用機器打勻，再加入鹽及胡椒調味。
- 然後倒入平底鍋裡，將之加熱，再撒上寒天粉，用打蛋器攪拌，盡量不要混合空氣進來。
- 加熱至沸騰時，一邊攪拌一邊煮2到3分鐘。
- 然後離火，在室溫下放置5到10分鐘，讓其自然冷卻。

迪戎布丁
- 將煮好的奶酪輕輕倒進先前已經倒入糖漿的模子裡。
- 先把這些奶酪放在室溫下冷卻（約20分鐘），接著放入冰箱冷藏（約30分鐘）。

研究發現

糖必須經過熬煮才會產生焦糖。當糖漿沸騰時，為了增加焦糖的酸性，所以在裡面添加醋，但也因此減緩了焦糖化反應。另外，在焦糖裡加入清水可讓其呈現糖漿狀，即使冷卻了也不會凝固；但如果焦糖糖漿繼續熬煮，當加入的水被熱能蒸發後，冷卻後的焦糖還是會凝固。

創意變化

改以帶有其他風味的液體（覆盆子醋、柳橙汁……諸如此類）替代啤酒－芥末籽醬的混合液，一旦做好焦糖（褐色糖漿），就把這些液體加到焦糖裡，讓焦糖變得比較稀或帶點稠度的質感（液體的份量視個人對於糖漿濃稠度的喜好而定）。另外還可以創造出新風味的焦糖漿，甜味或甜中帶鹹，也可以搭配布丁、肉類、新鮮或烹調過的水果或蔬菜等食材。總之，一起來動手做焦糖吧！

梅納反應
Les réactions de Maillard

梅納反應是另一種無關酵素的褐化反應（詳見66頁「焦糖化作用」），這個反應會產生氣味、味道及色彩分子。在製造麵包或是烹煮肉類的過程中，都可見到此反應。

這個反應是由糖及蛋白質（更精確地說，是胺基酸）在高溫下生成。經一連串的反應後，產生褐色、香氣及味道。

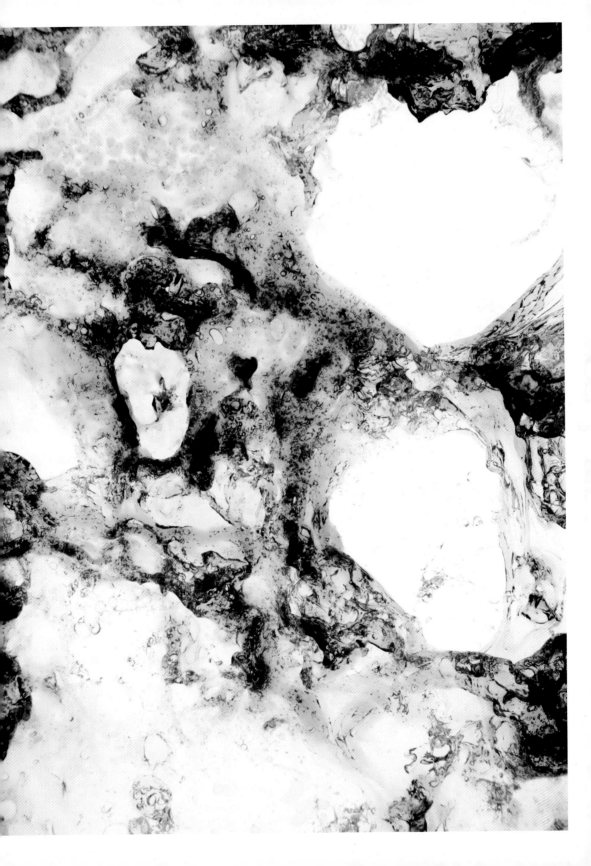

1罐

準備時間5分鐘

烹調時間15分鐘或3小時

靜置時間1小時

材
料

1罐煉乳

（400g鐵罐裝）

牛奶果醬（西班牙文）：牛奶果醬
Dulce de leche : Confiture de lait

操
作
方
法

壓力鍋烹調法

• 將煉乳連罐子一起放到壓力鍋裡。

• 壓力鍋裡加水，加到蓋過罐子的高度，接著蓋上鍋蓋。

• 以大火烹煮，當壓力鍋開始釋放蒸氣壓力時，再繼續煮15到20分鐘。

• 離火後，將壓力鍋維持原樣在室溫下完全冷卻（至少1小時以上），再開鍋蓋。

一般鍋具烹調法

• 將煉乳連罐子平放在鍋裡。

• 加水到微微蓋過罐子的高度。

• 接著開火煮，讓水一直保持微滾的狀態至少煮3小時，並不時加入滾水，讓水的高度一直維持在蓋過罐子的高度。

• 離火後，保持原樣讓它在室溫下冷卻（至少1小時以上），再將罐子從水裡取出。

研究發現　煉乳含有梅納反應所需的胺基酸及糖分。因為溫度持續升高而產生梅納反應，於是罐頭裡的煉乳轉變成咖啡色並帶有特殊風味。此外，煉乳中有數種不同種類的糖分，在此同時也產生焦糖化反應。

創意變化　可以將煉乳換成含有蛋白質及糖分的其他種類食材或多種混合食材（甜味的乳類製品、肉類、魚類等），之後再以高溫烹調，為食材帶來梅納反應所生成的特殊風味。

6人份
準備時間 15 分鐘
烹調時間 20 分鐘
放置時間 20 分鐘

○○○
○○○

材料

輕焙杏仁鮮奶油
150ml 全脂鮮奶油
50g 杏仁粉

威士忌咖啡
300ml 威士忌
150ml 甘蔗糖漿
900ml 熱濃咖啡

愛爾蘭咖啡：輕焙杏仁鮮奶油、威士忌咖啡
Irish coffee : Crème d'amandes torréfiées, café au whisky

操作方法

輕焙杏仁鮮奶油
- 烤箱預熱到 150℃。
- 將杏仁粉平攤在烤盤上，然後放入烤箱烘烤 10 分鐘，並不時翻動以防上色不均或烤焦。
- 接著在平底鍋裡倒入鮮奶油及烤好的杏仁粉同煮。
- 煮開後離火，蓋上蓋子讓杏仁粉浸漬 20 分鐘。
- 之後再濾去杏仁殘渣。

威士忌咖啡
- 將熱咖啡準備好。
- 取另一個平底鍋將威士忌和甘蔗糖漿以中火同煮。
- 煮開後離火。

愛爾蘭咖啡
- 將威士忌糖漿倒入每個杯子底部。
- 再將熱咖啡輕輕倒在糖漿上（沿著杯緣緩緩倒入杯中）。
- 擠壓瓶吸入輕焙杏仁鮮奶油，再將之擠到咖啡的上方，完成後應當立即飲用。

杏仁粉含有梅納反應所需的胺基酸及糖分。烤箱的高溫烘烤觸發梅納反應,隨著梅納反應而來的褐色物質及氣味也就此生成。將烤好的杏仁粉和鮮奶油混合,杏仁粉的烘烤香味和烘烤所生成的褐色一併轉移到鮮奶油裡;咖啡也是一樣(烘焙咖啡豆),咖啡豆經過烘焙產生梅納反應,替咖啡帶來烘焙的香氣及焦化的顏色。

為了得到更濃郁的特殊風味,堅果在混入沙拉做成甜點或飲料前,必須經過焙烤手續(松子、榛果、開心果等),例如杏仁經過焙烤做成的杏仁奶或杏仁膏、焙烤過的松子製成的青醬,或是加了焙烤過的堅果牛軋糖。麵粉也可以在製作塔皮或蛋糕前先稍微烤過,如此就能做出帶有特殊風味的酥餅、餅乾或水果塔。

抗氧化作用
L' (anti) oxydation

水果或蔬菜的氧化作用是指當切開或受到撞擊時，其表層轉變成褐色的反應。在此兩種情況下，水果及蔬菜中的細胞被活生生地斷開，解放出其中的成分（酵素及酚基分子），當這些成分彼此接觸時，就會產生作用。像酵素與酚基成分結合後，會生成褐色成分；檸檬酸，也就是一般較為人知的維它命C，則是一種能減少氧化作用生成的緩衝劑。

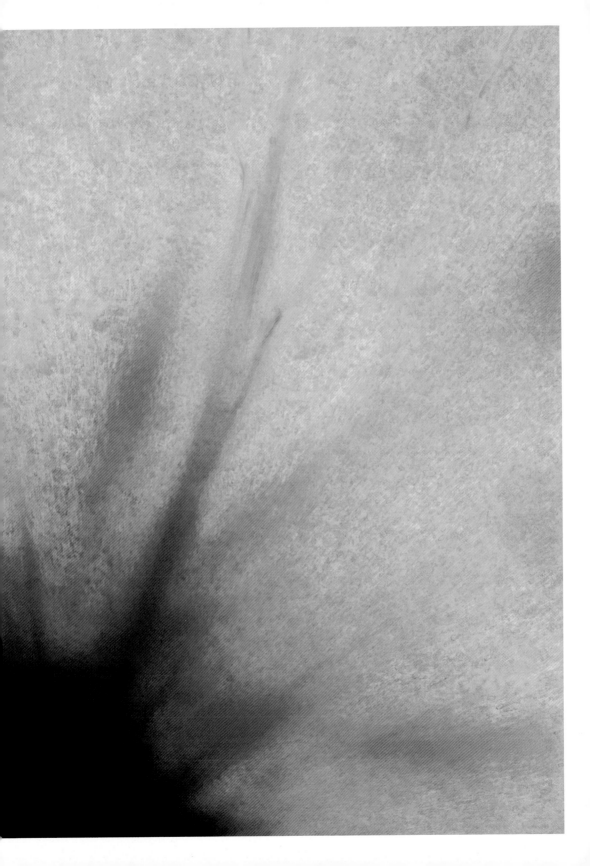

材料

酪梨醬
1顆酪梨
20g 細砂糖
1/2顆檸檬汁

乾香蕉脆餅
2支大香蕉
細砂糖

酪梨醬點心：酪梨醬、乾香蕉脆餅
Doce de abacate : Crème d'avocat, tacos de bananes séchées

操作方法

乾香蕉脆餅
- 烤箱預熱到170℃。
- 使用削皮器或電動切片機，將香蕉縱切成6片厚，約1到2公釐的長條片狀（切之前要將果肉上的纖維鬚完全清除乾淨再切）。
- 烤盤墊上烤盤紙，將香蕉片平鋪於上，撒上砂糖，放入烤箱烤35分鐘以完全烘去水分。
- 將之置於室溫下冷卻，當香蕉完全乾燥後，再從烤盤紙上取下來。

酪梨醬
- 將酪梨果肉、糖及檸檬汁一同用機器攪打成均勻的泥狀。

酪梨醬點心
- 將酪梨醬搭配香蕉脆餅一同食用。

酪梨是一種非常容易氧化的水果，在製作酪梨醬時加入檸檬汁一起攪打，可防止酪梨氧化變色。檸檬汁富含檸檬酸（每100g新鮮果汁含有30到40mg的檸檬酸），檸檬酸能有效阻擾氧化現象，如此酪梨就不會因氧化而變色，並能維持更久原來應有的色彩。

可以將酪梨替換成其他容易氧化的水果（蘋果、桃子、油桃、梨子、香蕉、香菇、朝鮮薊），加入少許檸檬汁一起打碎。經過這樣的處理後，水果及蔬菜的顏色看起來更鮮艷，更讓人食指大動！

6人份
準備時間15分鐘
冷藏時間1小時

○○○
◔
❄

材
料

1瓶干白酒（蘇維翁sauvignon、居宏頌jurançon等）
20ml柳橙利口酒（建議品牌：君度橙酒〔cointreau®〕）

50g細砂糖　　　　　　2顆蘋果
1袋香草糖　　　　　　1顆芒果
4滴薄荷精　　　　　　200g草莓
3g維生素C　　　　　　200ml檸檬汽水

什錦水果白酒：活力綜合白葡萄雞尾酒、水果
Sangria blanche : Sangria au vin blanc vitaminé, fruits

操
作
方
法

● 取一個大沙拉盆，將干白酒、糖、香草糖、柳橙利口酒、
　薄荷精及維生素C一起混合均勻。
● 將水果切丁，加到調製好的混合白酒裡。
● 什錦水果白酒及檸檬汽水分別放置冰箱冷藏至少1小時。
● 飲用前將檸檬汽水加進什錦水果白酒裡。

研究發現　什錦水果酒裡加入檸檬酸，因為檸檬酸可以抗氧化，防止水果變色，如此一來便可維持更久水果原來應有的色彩。

創意變化　在容易氧化的食材，或是食材風味與檸檬汁不合襯的情況下，可加入少許檸檬酸粉（每100g最多加入0.3g的檸檬酸）；而在準備醃汁、調味品或新鮮水果打成的奶昔時，在水果及蔬菜中加入少許檸檬酸，最能有效抵抗氧化作用。

熱乾燥作用
La déshydratation à chaud

熱乾燥作用是一種讓食材乾燥的方法，也就是説，以蒸發的方法去除食材中的水分。當然也有其他方法可以去除水分（例如加鹽、煙燻、冷凍乾燥等），而這些方法與熱乾燥法不同之處，即在於最後食材中的水含量及乾燥處理時的溫度。

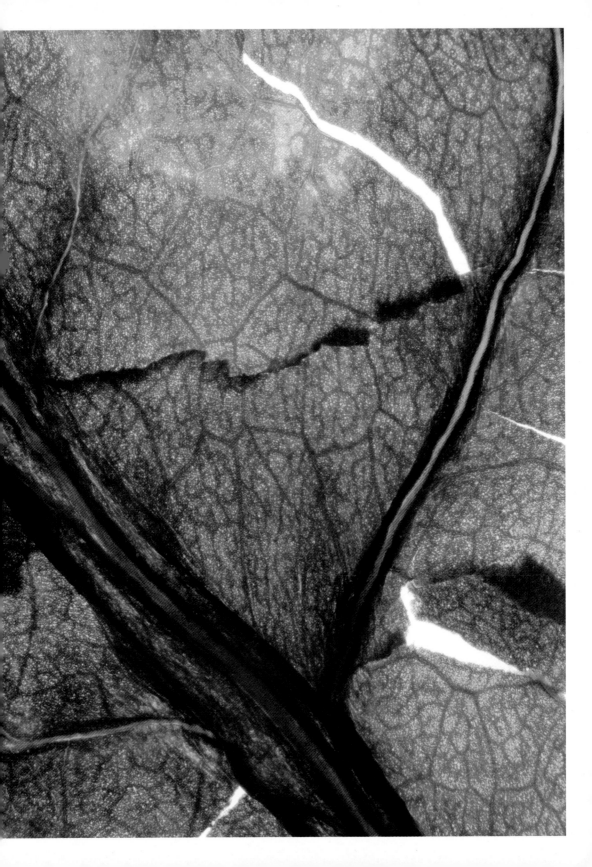

材料

10顆希臘黑橄欖
2瓣大蒜
3顆檸檬皮
10g連枝新鮮芫荽

中式乾香草：芫荽、檸檬皮、黑橄欖及乾燥蒜頭
Persillade chinoise : Coriandre, zestes de citron, olives noires et ail déshdratés

操作方法

- 烤箱預熱到100℃。
- 如果橄欖有帶核，先將果核去除再切碎。
- 蒜頭去皮去芽芯後，再用擦菜板磨碎。
- 替每樣材料準備一張適當大小的烤盤紙，將這4小張紙鋪在烤盤上，然後將4種材料放在烤盤紙上，攤平成薄薄的一層。
- 將烤盤放到烤箱裡進行烘乾，檸檬皮需要20分鐘，碎蒜頭30分鐘，芫荽45分鐘，黑橄欖則需3小時的烘乾時間。
- 當全部烘乾後，將芫荽葉摘下，再與其他三樣材料混合。
- 放在烤肉上可增添風味。

研究發現

我們可以利用烤箱的熱度將食材烘乾：食材內所含的水分會蒸發掉。而隨著乾燥的時間增長，被烘乾食材的含水量及形狀大小，也會隨著烘乾作用而有所改變。

創意變化

我們可以將這道食譜的食材替換成其他的調香料、水果、蔬菜、各式醃肉（生火腿、西班牙辣香腸等）。將這些食材切成各種形狀，例如切成薄片，可做出特殊風味的脆片（詳見80頁的「乾香蕉脆餅」）；切成小丁調配出獨家的「特殊風味」，或是做成帶有獨特滋味的小碎屑。食材切完，放入烤箱以100℃左右的溫度烘烤，依其形狀大小、含水量多寡及烘乾狀況來決定烘烤時間的長短。這道食譜不但可以在既有的料理上添加個人化的特殊風格，同時也是保存易變質或非當季食材的好方法！

8個小手捲
準備時間15分鐘
烹調時間2小時
靜置時間10分鐘

材料

100g 皮其歐斯小甜椒
（西班牙小甜椒）
50g 杏桃乾
25ml 水
200g 乳清乳酪
（建議品牌：聖摩黑〔St Môret®〕）

皮其歐斯小甜椒捲：小甜椒－杏桃外皮、乳清乳酪

Temaki piquillo : Film de piquillo-abricot, fromage frais

操作方法

- 烤箱預熱到100℃。
- 將小甜椒、杏桃乾及水一起用果汁機打碎。
- 再將打碎的果泥平攤在矽製烤盤上，果泥厚約1到2公釐。
- 放入烤箱烤至少2小時直到烤乾。出爐後在室溫下放涼（約10分鐘）。
- 將烤好的乾果泥片切成8個小正方形，再將每塊正方形捲成牛角狀。
- 將這些甜椒小牛角填入乳清乳酪。
- 完成後應馬上食用以保新鮮口感。

研究發現

食材經過食物處理機攪打後,會成為糊狀物。而這個糊狀物可用烤箱脫去水分,就能得到一層乾燥的薄膜,薄膜會因使用食材(以糖、澱粉等成分組成)的不同而呈現不同的特性。以這道食譜而言,食材含有糖分(特別是在杏桃乾裡),糖為這層薄膜帶來可塑性,如此可以調整成理想的形狀(例如可將之做成牛角形)。

創意變化

我們可以用其他種類的水果及/或蔬菜果泥(胡蘿蔔、青豆仁、黑棗乾等食材)來替代皮其歐斯小甜椒－杏桃乾果泥,或者也可以用澱粉漿取代(米漿、紫馬鈴薯泥等食材)。將果泥在烤盤上攤成薄片,放到烤箱以100℃左右的溫度烘乾。做出的薄膜會因使用的原料(依含糖量及/或有無澱粉質)而影響其柔軟度。可以做成春捲、手捲、雪茄狀或牛角狀,在裡面包入或甜或鹹的內餡!

轉移作用
La migration

轉移作用是指一種成分從一處移到另一處。這種作用可能是不同濃度的兩種成分到達彼此的中心（比如滲透作用），或是物理的力量（比如毛細管作用）等諸如此類的作用。

這些轉移作用可能形成顏色消退、被上色、被調味等結果。轉移作用並會因溫度上升而加速作用。

6人份
準備時間5分鐘
烹調時間35分鐘
靜置時間4分鐘

材料

薄荷珍珠
40g 西谷米
（木薯珍珠粉圓）
300ml 水
150ml 薄荷糖漿

綠茶
6袋綠茶包
6到12塊方糖

珍珠綠茶：薄荷西米露、綠茶
Thé aux perles : Perles du Japon mentholées, thé vert

操作方法

薄荷珍珠
- 取小平底鍋，將水與薄荷糖漿一同加熱，待水滾後，加入西谷米以小火煮30分鐘左右，烹煮時應不時攪拌，以防燒焦。
- 煮熟成西米露後用冷水沖過，並瀝去水分。

珍珠綠茶
- 在每個杯裡放入1到2大匙薄荷西米露，依個人口味喜好放入1到2顆方糖，以及1袋綠茶包。
- 倒入熱水，讓茶包浸泡3到4分鐘左右。
- 接著取出茶包，插入吸管即可飲用。

研究發現 西谷米是一種乾燥食材，放到液體裡，就會開始產生轉移作用，將水分送到西谷米的中心部位。以這道食譜來說，薄荷糖漿包含水分、色素、香味等成分。這些成分都會因為轉移作用傳送到西谷米的中心部位，如此就可以得到充滿水分、染成綠色且帶有薄荷味的西米露。

創意變化 可以用其他種類的乾燥食材來取代西谷米（米、北非小米、義大利麵等各類食材）。薄荷糖漿則可由其他有色及／或調味過的汁液來取代（草莓糖漿、洋香菜或甜菜根榨的汁等）。將乾燥食材與有顏色的汁液同煮，就能做出美味又充滿色彩的菜肴。

1罐果醬

準備時間5分鐘

烹調時間1小時15分

靜置時間1小時30分

	細砂糖
1大顆青蘋果（極熟）	（相當於果汁1/2的重量）
100g紫高麗菜	1顆丁香
400ml水	1顆八角
1/2顆檸檬汁	1支肉桂棒

材料

美味調味品：香料紫高麗－蘋果明膠
Condiment arrangé : Gelée épicée de chou rouge-pomme

操作方法

- 將小盤子放入冷凍庫冷凍。
- 將蘋果清洗乾淨後切成條狀，保留果皮及芯在一旁備用。
- 將紫高麗菜切成細絲。
- 將蘋果及紫高麗菜放到平底鍋裡，加水後半掩上鍋蓋，以小火微滾的狀態煮45分鐘。
- 以細目濾網濾出湯汁，並用湯匙背面擠壓蘋果及紫高麗菜，盡量把湯汁擠出。之後用紗布將湯汁過濾，以取得澄清的湯汁。
- 將湯汁稱重，湯汁1/2的重量即為糖的重量。
- 在湯汁裡加入糖、檸檬汁、香料，並以小火加熱煮到微滾。煮15分鐘後將香料取出，再煮15分鐘。取出冷凍的小盤子，滴一滴湯汁，如果湯汁馬上結凍，即可離火。
- 倒入玻璃瓶，並在室溫下放涼（約1小時）。
- 可作為野味、肉類等食材的調味醬汁一同食用。

研究發現　用紫高麗菜、香料、蘋果及熱水一起煮出的湯汁。這些食材中有許多成分都轉移到湯汁裡，例如紫高麗菜的顏色、香料的氣味分子、蘋果的果膠。當湯汁冷卻時，果膠因為與糖分作用而形成凝結的現象，得到紅色帶有辛香料風味的凍膠。若是在裡面加入檸檬汁，湯汁的顏色將完全改變，因為酸化作用會改變色素的結構。

創意變化　改用其他有色炫目又美味的食材來取代紫高麗菜跟蘋果。將這些食材放到水裡或其他液體裡（白或紅葡萄酒、蘋果氣泡酒、啤酒等酒精飲料），就能做出色彩炫目又美味的湯汁，再將湯汁濃縮或凝結成果凍，可用來搭配肉類、魚類等各式菜肴。

膨脹作用
Le soufflage

膨脹作用是指烹煮時因氣體膨脹造成食材爆烈的效果，
其中的氣體可以在備料時混入，或是因狀態改變而產生
（將水分轉變成水蒸氣）。膨脹作用的成敗取決於氣體的
份量及備料的膨脹耐力。

4人份
準備時間5分鐘
烹調時間20分鐘

材料

爆米花
60g 爆米花用玉米
2大匙葵花籽油

焦糖醬
120g 細砂糖
40ml 水
40g 有鹽奶油
1 小匙製作香料麵包用混合香料

中場休息：爆米花、香料麵包風味焦糖醬
Entracte : Pop-corn, caramel-pain d'épices

操作方法

爆米花
- 取大平底鍋，倒入葵花籽油後加熱。
- 油熱後加入爆米花用玉米，蓋上鍋蓋。
- 爆米花入鍋受熱後開始爆裂，這時將鍋子離火，但是不能掀鍋蓋，必須等到爆裂聲響停止才可以掀蓋。
- 將爆好的玉米倒進大沙拉盆裡。

香料麵包風味焦糖醬
- 取大平底鍋，倒入砂糖及水，用中小火煮成褐色（約15到20分鐘）。
- 糖漿變色後離火，加入香料及切成小塊的奶油，用打蛋器攪拌，攪拌時應當小心糖漿噴濺。

中場休息
- 快速地將爆米花分兩、三次倒入熱糖漿，同時用木鏟攪拌，讓全部的爆米花都裹上糖漿。
- 將爆米花平鋪在烤盤或烤盤紙上，在室溫下放涼。
- 冷卻後取出爆米花，即可食用。

研究發現

玉米接觸到因烹調而逐漸變熱的葵花籽油，造成爆裂現象。隨著溫度升高，玉米所含的微量水分從液體轉變成氣體（水蒸氣），並讓玉米粒裡的澱粉凝結（膨脹）。溫度上升，鍋裡的壓力也逐漸升高，玉米粒受到內部氣體及澱粉的膨脹、外部壓力的推擠，最後爆開，就成了爆米花。

創意變化

將製作爆米花的玉米用其他含有澱粉質且帶有少許水分的食材來取代（米、小麥穀粒，或是煮熟且乾燥的奎藜、米粉或米片紙等），烹調方法則是在鍋裡放入少許油脂，加熱到高溫時放入食材，蓋上鍋蓋，或是直接以油炸的方法烹調。如此就能創造出許多種類的「迸裂」，比如鬆酥爆奎藜、米紙脆片、酥脆粉絲鳥巢等各式佳肴。

20個小麵包
準備時間 30 分鐘
烹調時間 5 分鐘
靜置時間 1 小時

材料

250g 黑麥麵粉
125ml 溫水
7g 新鮮酵母
3g 鹽
多種選擇：肉絲醬、塗抹醬、
果醬、香料、橄欖油等。

膨麵包：膨脹黑麥小麵包
La fouée : Petit pain de seigle soufflé

操作方法

- 將酵母用溫水溶解。
- 接著靜置約 10 分鐘。
- 在大的沙拉盆裡倒入黑麥麵粉，在麵粉堆的中心挖洞，做出麵粉井。接著在麵粉外緣撒上鹽（這個動作主要在於最後才能將鹽混入麵團，因為鹽會影響酵母的作用）。
- 在麵粉井中倒入溶解的酵母及一點點溫水，然後從中心慢慢將麵粉混到水裡，將麵粉由內向外慢慢混合，最後所有的麵粉與水混合，形成麵團。
- 將麵團持續揉 15 分鐘，直至表面變得光滑無顆粒。
- 麵團揉成球狀，蓋上乾淨的布巾，放在室內最溫暖的地方最少 1 小時讓其醒發。
- 將烤箱的火力調到最大，並使用內部是金屬材質的烤盤。
- 麵團平均分成每塊約 20g 的小麵團，之後做成厚約 1 公釐的方塊。
- 先將烤盤預熱，再將麵團放在烤盤上。當麵團開始膨脹時（時間很短，只需烤 1 到 2 分鐘），讓其繼續烤上色，然後再出爐。
- 在烤好的小麵包裡面填滿肉絲醬、塗抹醬等，或是簡單加上橄欖油及數種香料。

研究發現

麵團的膨脹是指,麵團在烤箱裡烘烤,因溫度逐漸升高而產生的現象。當溫度升高時,揉入麵團的空氣會開始膨脹。當麵團進行發酵時,也會造成自由氣體膨脹,這就是液體轉變成氣體的蒸發作用(水蒸氣)。當我們揉麵時,麵團裡的麩質會形成網絡將空氣包住,一旦受熱,氣體的體積就會擴張,推擠外層,形成麵團膨脹的現象。當我們替麵團塑形時,先將麵團擀成薄片狀,當受熱產生膨脹現象時,原本的薄麵皮就會膨脹形成「封閉的表層」,於是成為一個中間空心的麵包。

創意變化

利用麵粉在揉麵過程所產生的連接特性,製作出各式各樣的膨麵包,並使用小麥麵粉、全麥麵粉、穀類麵粉等各式各樣的麵粉。但是要注意的是,許多種類的麵粉不含麩質(蕎麥、栗子、藜豆、玉米等),這些不含麩質的粉類必需與小麥麵粉混合,才能做出麵包。

晶球化作用
La sphérification

晶球化作用是將液態的備料作成球體。

這個技巧可以藉由使用海藻酸鈉溶液（褐色海藻抽取物）製作而成，此溶液一旦與鈣質結合，就會形成晶球。

先將海藻酸鈉溶入用來製作球體的液體裡，接著浸入鈣離子溶液，這時液體表面馬上形成一層薄膜，並逐漸往裡面凝結（鈣質逐漸往裡面滲入，會因為與海藻酸鈉結合而形成膠狀）。我們可以立即得到裡面充滿液體的晶球（若鈣質繼續往球體內部滲透，晶球就會完全變成膠體）。這種類型的晶球必須完成後立即食用。

12顆
準備時間20分鐘
靜置時間30分鐘
冷凍時間2小時

12 🥚
🕐
🌓
❄️ ❄️

材料

球體部分
200ml 蘋果汁
50ml 焦糖糖漿
2.6g 海藻酸鈉

鈣離子溶液
300ml 水
3g 鈣離子鹽

一口酒
伏特加

一口球：蘋果－焦糖球、伏特加
Shot ball : Sphère pomme-caramel, vodka

操作方法

鈣離子溶液
- 水裡加入鈣離子鹽，再用打蛋器攪打到完全溶解。
- 接著靜置最少30分鐘。

球體部分
- 把焦糖糖漿倒入蘋果汁，並用打蛋器攪拌均勻，接著一邊攪打一邊加入海藻酸鈉，加入海藻酸鈉時不能一次全部倒入，以防結塊。
- 用直立式攪拌機將混合液攪打均勻，攪打時應注意不要混入太多空氣，打完後靜置最少30分鐘。
- 將混合液倒入半球體模型，再放入冷凍庫最少2小時（這個步驟可以得到形狀完美均勻的球體。當然，我們也可以不經過冷凍的步驟就做出球體，只要用內凹的深匙盛裝混合液，再快速浸到鈣離子溶液裡）。
- 將冷凍的球體浸入鈣離子溶液最少1分鐘（這個球體不應黏在容器邊緣或底部，也不應浮在溶液的表面，如此才能讓表層均勻地凝結起來）。
- 接著輕輕撈起球體，再浸入清水（最好使用漏杓或濾網將球體撈起，如此才能將水分完全瀝乾）。

一口球
- 將每個小球放到一口杯裡，再輕輕倒入伏特加酒（或先倒酒再放入小球）。
- 小球解凍後再飲，最好的食用方式是：將酒一口飲盡，然後在嘴裡咬破小球。

注意：海藻酸鈉溶液使用完後，必須當作垃圾丟棄，不能直接當成廢水倒掉，否則會造成水管阻塞。

研究發現 海藻酸鈉溶解到蘋果－焦糖混合液裡，接著將冷凍的半球體浸入鈣離子溶液。當海藻酸鈉與鈣離子產生反應時，球體表面就會馬上凝結，這時撈起球體用清水沖過，球體內部會繼續與鈣質作用，最後得到一顆完全為凍膠的球體。

創意變化 將蘋果－焦糖混合液替換成其他液體（果汁、香草茶、液態的蔬菜泥等混合液）。加入海藻酸鈉（每100g果汁最多只能加入1g海藻酸鈉），再將它浸入鈣離子溶液（每100g清水最多只能加入1g鈣離子鹽），如此就能做出中心部分為液態的球體。這道料理可以單獨食用，也可搭配飲料，或與冷盤熱菜同食。

6人份
準備時間15分鐘
靜置時間30分鐘

材料

醋味珍珠
50ml覆盆子醋
100ml低鈣水
（約每公升60mg）
20ml甘蔗糖漿
1.7g海藻酸鈉
3滴紅色食用色素

鈣離子溶液
300ml水
3g鈣離子鹽

帶殼生蠔
3打生蠔

生蠔珍珠：覆盆子醋味珍珠、鮮生蠔
Huître coquette : Perle de vinaigre de framboise, huître fraîche

操作方法

鈣離子溶液
- 在水裡加入鈣離子鹽，再用打蛋器攪打，直到鈣離子鹽完全溶解。
- 接著靜置最少30分鐘。

醋味珍珠
- 將低鈣水和甘蔗糖漿混合。一邊攪打一邊加入海藻酸鈉，加入海藻酸鈉時不能一次全部倒入，以防結塊。
- 用直立式攪拌機攪打混合液，盡量不要打入太多空氣，之後一點一點加入覆盆子果醋，最後加入紅色食用色素。攪打均勻後靜置至少半小時以上。
- 在等待的同時，將生蠔的外殼打開。
- 將覆盆子醋混合液再攪打一遍，然後將混合液灌入注射器或醬汁軟瓶，接著用注射器或軟瓶將混合液一滴一滴地滴到鈣離子溶液裡。30秒後表面形成一層外膜，變成一顆顆紅色小珍珠，然後將這些小珍珠用漏杓或濾網撈起。
- 接著將珍珠泡入清水。

帶殼生蠔
- 在打開的生蠔裡，依生蠔大小擺放一個或一個以上的珍珠，並盡快食用。

注意：海藻酸鈉溶液使用完後，必須當作垃圾丟棄，不能直接當成廢水倒掉，否則會造成水管阻塞。

研
究
發
現

做成珍珠球的備料是酸性的（以醋為基底）。海藻酸鈉並不溶於酸性物質，在這道食譜裡，包含兩個溶解過程，先是海藻酸鈉溶解於清水中，接著以用力攪拌的方式加入醋，利用彼此相溶和不相溶的特性，製作出中心因酸性而保持液態，但表面可以凝結成球的效果。

創
意
變
化

將覆盆子醋－甘蔗糖漿混合液換成其他種類具有或不具酸性的液體（橙花水、檸檬汁、香料水等）。加入海藻酸鈉（每100g果汁最多只能加入1g海藻酸鈉），再將其浸入鈣離子溶液做成圓球體（每100g清水最多只能加入1g鈣離子鹽）。利用這個方法可以做出帶有「特殊風味」的小珍珠，然後配上沙拉的調味醬，或與飲料（比如香檳、調味乳等）同飲。

反轉晶球化作用
La sphérification inversée

反轉晶球化作用是另一種類型的晶球化作用（詳見102頁）。在這個作用裡，凝結成晶球所需的鈣質已經包含在操作的食材裡。將預計做成晶球體的原料浸泡到海藻酸鈉溶液中，球體的表面會馬上凝結，形成一層薄膜且邊緣變得比較厚（原料中的鈣質與海藻酸鈉溶液接觸所形成的作用）。如此一來，就能得到中心為液體的球體，並隨著時間由外向內逐漸凝固。

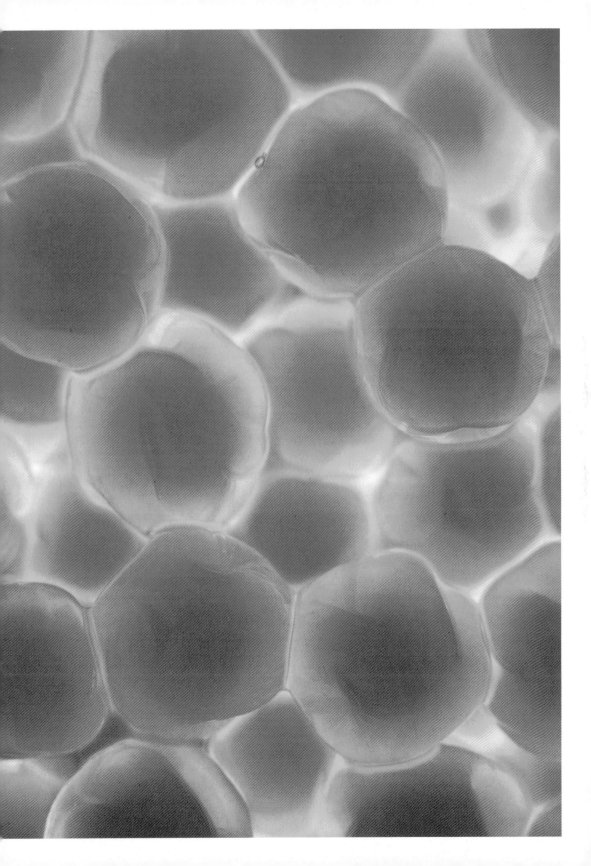

海藻酸鈉溶液
300ml 低鈣水
（約每公升60mg）
1.5g 海藻酸鈉

希臘優格球
1份希臘優格
1大顆蒜頭
鹽、胡椒

小黃瓜
1條小黃瓜
1大匙橄欖油
1到2大匙檸檬汁
粗鹽

材
料

黃瓜優格球：希臘優格球、小黃瓜
Tzatziki maboul : Sphère de yaourt grec, concombre

操
作
方
法

海藻酸鈉溶液
- 用潑灑的方式將海藻酸鈉倒進低鈣水裡，用打蛋器攪拌均勻。
- 用直立式攪拌器攪拌，但要避免混合入太多空氣，接著靜置半小時左右。

希臘優格球
- 將蒜頭去皮去芯後，用擦菜器磨碎加入優格裡，以鹽和胡椒調味後攪拌均勻。
- 將優格倒入半球體模型冷凍至少2小時（這個步驟可以得到形狀完美均勻的球體；當然也可不經冷凍步驟就做出球體，只要用一個內凹的深匙盛裝混合液，再快速浸到鈉離子溶液裡）。
- 將冷凍的球體浸到海藻酸鈉溶液裡約30秒，但是要小心不讓球體在溶液裡彼此碰撞（建議使用漏杓或濾網將球體撈起，如此才能將水分完全瀝乾）。
- 接著將小球放置在室溫下解凍。

小黃瓜
- 將小黃瓜去皮去籽，接著切成薄片，撒上鹽醃15分鐘，脫去多餘的水分。最後用清水稍微沖洗過，再用廚房紙巾吸乾水分。
- 之後在小黃瓜裡加入橄欖油跟檸檬汁，拌勻後確認調味的鹹淡。

黃瓜優格球
- 將希臘優格球搭配醃好的小黃瓜片食用。

注意：海藻酸鈉溶液使用完後，必須當作垃圾丟棄，不能直接當成廢水倒掉，否則會造成水管阻塞。

研究發現

這道食譜運用優格富含鈣質的特性，當優格備料浸入海藻酸鈉溶液時，表面會凝結形成一層薄膜，同時形成圓球體，在優格球離開海藻酸鈉溶液後，凝結的動作就會停止。拜此反轉晶球化作用所賜，我們可以得到一顆中心為液體的優格球。

創意變化

把希臘優格置換成其他富含鈣質的乳製品（調味優格、水果優格、乳清乳酪、鮮奶油等），之後再將乳製品浸入海藻酸鈉溶液（每100g低鈣水裡最多只能加入0.5g的海藻酸鈉），就能做出中心為液體的乳質球體，裡面盡可能大膽添加香料、調味料、巧克力薄片、橙皮等食材。如此就能為一些加入乳製品烹調的傳統菜色（例如印度酸奶昔、坦都里醬等）增添些許新意。

12顆　　　　　　　12●

準備時間20分鐘

烹調時間5分鐘

靜置時間30分鐘

冷凍時間2小時

材料

海藻酸鈉溶液
300ml 低鈣水
（約每公升60mg）
1.5g 海藻酸鈉

辣腸球
200ml 低脂鮮奶油
60g 西班牙「重口味」辣香腸

蘋果酒辣香腸
1瓶干蘋果酒

蘋果酒辣香腸：辣腸球、干蘋果酒
Chorizo à la sidra : Sphère de chorizo, cidre brut

操作方法

海藻酸鈉溶液
- 用潑撒的方式將海藻酸鈉倒進低鈣水裡，接著用打蛋器攪拌均勻。
- 用直立式攪拌器攪拌，但要避免混合入太多空氣，接著靜置半小時左右。

辣腸球
- 將西班牙辣香腸切成小塊。
- 取平底鍋，倒入鮮奶油與辣香腸同煮。當鮮奶油煮開時，離火，以直立式攪拌器攪打鮮奶油，將香腸打碎。接著在室溫下放涼（約20分鐘），再濾去辣香腸渣。
- 將辣香腸鮮奶油倒入半球體模型，再將之冷凍至少2小時（這個步驟可以得到形狀完美均勻的球體；當然也可以不經過冷凍的步驟就做出球體，只要用一個內凹的深匙盛裝混合液，再快速浸到鈉離子溶液裡）。
- 把冷凍的球體浸到海藻酸鈉溶液裡約30秒，但要小心不讓球體在溶液裡彼此碰撞（建議使用漏杓或濾網將球體撈起，如此才能把水分完全瀝乾）。
- 接著將小球放置在室溫下解凍。

蘋果酒辣香腸
- 食用辣香腸球時，搭配一杯冰涼的干蘋果酒。

注意：海藻酸鈉溶液使用完後，必須當作垃圾丟棄，不能直接當成廢水倒掉，否則會造成水管阻塞。

這道食譜利用鮮奶油富含鈣質的特性。當這個以鮮奶油為基底的備料浸入海藻酸鈉溶液時，會在表面馬上形成一層薄膜，並讓其成為一個球體。一旦球體離開海藻酸鈉溶液，凝結薄膜的動作就會停止。拜這種反轉晶球化作用所賜，我們可以得到一顆中心呈液狀的西班牙辣香腸乳質球。

創意變化

將西班牙辣香腸替換成其他帶有強烈風味的食材（例如煙燻鱈魚、蒜頭、可可等），再將食材與鮮奶油同煮，將食材浸漬在裡面，讓鮮奶油吸收食材的「精華」。接著將鮮奶油浸入海藻酸鈉溶液（每100g低鈣水最多只能加入0.5g的海藻酸鈉），就能做出乳質球體，而球體中心是帶有「驚奇」風味的液體。這些球體可以單獨食用，或是加到菜肴裡當作調味料。

脆質果凍
Le gel cassant

寒天是一種從紅藻萃取出的凝結劑，與明膠（蛋白質）完全相反，是一種多醣體（由糖所組成的分子）。它能溶解於熱湯汁裡。寒天加入湯汁煮沸後，最好再煮1到3分鐘。寒天做成的果凍大約在35℃時凝結，這類果凍的口感比較硬脆，當果凍加熱到80℃時，就會開始融化。

1瓶塗抹醬

準備時間10分鐘

烹調時間30分鐘

靜置時間1小時

冷藏時間30分鐘

材料

晶鹽
250ml水
15g鹽
5g寒天

焦糖棒塗抹醬
16支焦糖棒
400ml全脂鮮奶油

焦糖鹽味醬：晶鹽、焦糖棒塗抹醬
Carasel : Sel à râper, Carambar® à tartiner

操作方法

晶鹽
- 取平底鍋，將水與鹽同煮。接著將寒天粉撒到鍋裡，用打蛋器攪拌，盡量不要混入太多空氣。水滾後再煮2到3分鐘，並不時攪拌。
- 離火後將之倒入小模型裡。
- 先在室溫下放涼（約30分鐘），接著放置冰箱冷藏（約30分鐘）。

焦糖棒塗抹醬
- 取平底鍋，以小火加溫鮮奶油。
- 在熱鮮奶油裡放入焦糖棒，持續加熱攪拌到焦糖棒完全溶解為止。
- 用中火繼續煮鮮奶油，將其濃縮，並不時攪拌直到成為濃稠的奶油醬（約15到20分鐘）。
- 焦糖棒塗抹醬倒進罐子裡，並在室溫下放涼（約30分鐘）。
- 將塗抹醬放置冰箱冷藏保存。

焦糖鹽味醬
- 將焦糖棒塗抹醬塗在麵包上，再撒上少許削成薄片的晶鹽食用。

研究發現　這道食譜是應用寒天製作脆質果凍的方法。用寒天製作的果凍雖然外形好看，但是沒有彈性，我們可以輕易地將其削成薄片；此外，它不像明膠做成的果凍在口中會自動融化，因此可以享受到咀嚼的樂趣。

創意變化　為了在菜肴裡帶入更不一樣的甜鹹苦辣味，必須以不同於一般的形式呈現。先從選擇食材開始（調味水、蔬菜或水果汁、香料調味高湯、金巴利酒等），加入寒天（每100g的備料最多不超過1到2g的寒天），再將兩樣食材一同加熱（沸騰後再煮1到3分鐘），接著倒入模型中，模型的形狀不拘，或是倒進烤盤裡（如此可以獲得凝結的膠質）。待其冷卻後搭配冷菜或熱菜，可以磨碎，削成薄片、晶體狀、麵條狀，甚至餛飩皮等樣貌，就讓我們在擺盤上做些變化吧！

4人份
準備時間15分鐘
烹調時間35分鐘
靜置時間10分鐘
冷藏時間2小時

材料

蜂蜜珍珠
50g蜂蜜
50ml水
1g寒天
500ml低溫葡萄籽油或葵花籽油

烤卡門貝爾乳酪
1個卡門貝爾乳酪

蜂巢：蜂蜜珍珠、烤卡門貝爾乳酪
Nid d'abeille : Perles de miel, camembert au four

操作方法

蜂蜜珍珠
- 製作這道料理前，先將葵花籽油放置冰箱冷藏數小時。
- 取平底鍋，倒入清水與蜂蜜一同加溫。接著將寒天粉撒到鍋裡，用打蛋器攪拌，盡量不要混入太多空氣。水滾後，再煮2到3分鐘並不時攪拌。
- 離火後置於室溫下10分鐘放涼。
- 用注射器或擠壓瓶吸取一些蜜汁，接著將蜜汁一滴一滴地滴入裝滿低溫葵花籽油的容器中。
- 用漏杓將蜂蜜珍珠撈起，並用清水沖掉表面多餘的油脂。
- 將蜂蜜珍珠放置一邊備用。

烤卡門貝爾乳酪
- 烤箱預熱到180℃。
- 將卡門貝爾乳酪用鋁箔紙包好。
- 入烤箱烤30分鐘。

蜂巢
- 卡門貝爾乳酪出爐後，將中間挖洞，在洞裡填入蜂蜜珍珠。
- 完成後應立即食用。

研究發現　當我們將液態的備料倒入油裡，備料因為物理性質的緣故無法跟油結合，自然就會呈現水滴狀。這道食譜取決於備料凝結的速度。如果油非常冷，可以加速冷卻備料並同時凝結成一顆顆小球。使用寒天製作的凝凍可以耐高溫，不會融化，所以適合與熱菜同食。

創意變化　要得到這些小小的「美味」珍珠，就得先從食材下手（例如椰奶、藍柑酒、萊姆等），再加入寒天（每100g的備料最多加1g的寒天）。將此兩種備料一同加熱（沸騰後再煮1到3分鐘），接著再一滴一滴地滴到極冷的沙拉油裡，完成的小珍珠可以加到冷菜，也可以加在熱菜裡，同時在口感上也可做些變化：珍珠的「脆質」外皮裡，是柔軟的乳酪或較濃稠的液體（奶昔、湯）等。

Q彈果凍
Le gel élastique

鹿角菜膠是一種從紅藻萃取出來的凝結劑，與明膠（蛋
白質）完全相反，它是一種多醣體（由糖組成的分子）。
只要加在溫度高於80℃的湯汁裡就會溶解；所以簡而言
之，加入鹿角菜膠的湯汁要煮開才行。大約在40℃時湯
汁會凝結，生成的果凍不但具有彈性，而且顏色透明。
若重新將鹿角菜膠果凍加熱到65℃，就會融化。

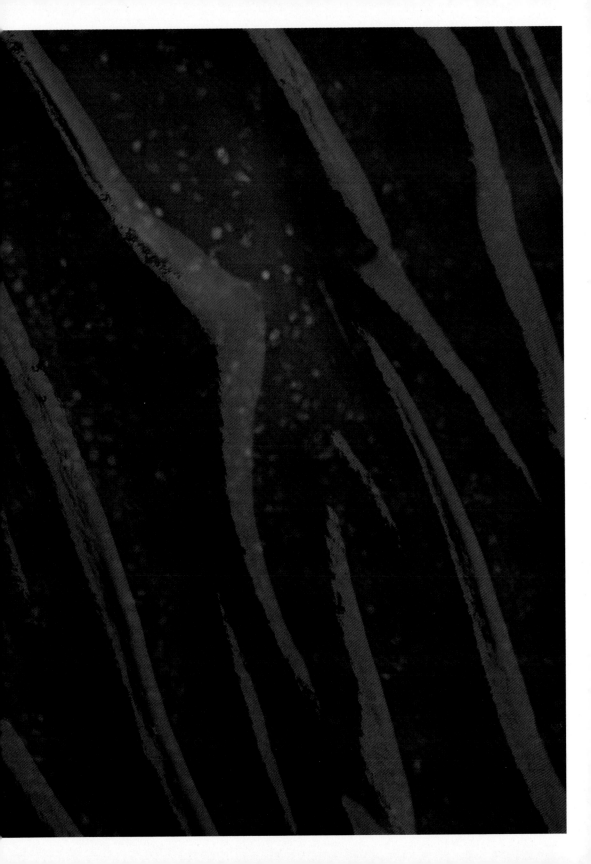

6人份

準備時間15分鐘

烹調時間10分鐘

靜置時間30分鐘

材料

椰香布丁

150g煉乳

300ml椰奶

30g椰子粉

5g鹿角菜膠

藍柑酒麵條

200ml藍柑酒

4g鹿角菜膠

速成藍精靈：椰香布丁、藍柑酒麵條
Bleu-manger minute : Flan coco, spaghettis de curaçao

操作方法

椰香布丁

- 取平底鍋，倒入椰奶和煉乳同煮。撒入鹿角菜膠，用打蛋器攪拌，盡量不要拌入太多空氣。
- 待煮開，加入椰子粉，將乳汁倒入6個獨立的小模型。
- 在室溫下放涼（約20分鐘），接著放入冰箱。

藍柑酒麵條

- 取平底鍋，倒入藍柑酒加熱。撒入鹿角菜膠，用打蛋器攪拌，並盡量不要拌入太多空氣。
- 待水滾，將火力調弱（小火）。將注射器接上矽製、可用於食品操作的管子之一端，管子另一端則直接放進鍋裡吸取藍柑酒汁，接著卸下注射器上的管子，將管子浸入冰水冷卻，管子兩端應保持向上。冷卻數分鐘後，再重覆同樣的動作五次。如果要將水管裡的麵條取出，只需將管子接上注射器，用注射器灌入空氣以擠壓出麵條。

或是：

- 待藍柑酒一煮開就離火，馬上倒入鐵盤至1到2公釐的高度，讓其在室溫下冷卻（約10分鐘）。之後再用刀子將藍柑酒凍切成寬麵條的形狀。

速成藍精靈

- 椰香布丁脫模後，放上藍柑酒麵條裝飾後即可上桌。

研究發現

在這道食譜裡，應用到彈性及快速凝結。一方面，鹿角菜膠所形成的彈性凝膠具有持久耐性，不易變形，所以製作麵條的過程變得容易不少；另一方面，鹿角菜膠接近40℃就會產生凝結作用，凝結速度比布丁來得快。

創意變化

想在短時間內做出布丁或果凍，而且裡面沒有加蛋，就要從選擇食材著手（酸奶油、水果或蔬菜果汁、烈酒等），將食材加入鹿角菜膠（每100g最多不能超過1到2g）一起煮，再倒入模型或烤盤上，接著放涼讓人品嘗。這類具有彈性的果凍，可以做成義大利寬麵條或餛飩外皮。

巧克力蛋糕

3顆蛋白、4顆蛋黃

40g 細砂糖

1小匙細砂糖

35g 紅糖

75g 麵粉

35g 奶油

200g 烹調用巧克力

材料

醋味軟凍

250ml 巴薩米克醋

5g 鹿角菜膠

巴扎品斯餅：巴薩米克醋軟凍、巧克力蛋糕

Pims balsam : Gelée de vinaigre balsamique, génoise chocolatée

操作方法

巴薩米克醋軟凍

- 取平底鍋，倒入巴薩米克醋加熱，再撒入鹿角菜膠，用打蛋器攪拌，盡量不要拌入太多空氣。
- 待煮開後離火，馬上倒入模子至0.5公分左右的高度。
- 在室溫下放涼（約10分鐘）。

巧克力蛋糕

- 烤箱預熱到200℃。
- 將蛋黃與糖及紅糖一同攪打5分鐘，接著用木鏟小心拌入麵粉。
- 將蛋白打發，結束攪打前再加入1小匙細砂糖。
- 奶油加熱融化加入蛋黃同打，再加入打發的蛋白，並用木匙小心攪拌。
- 把攪拌好的麵糊倒在烤盤上，填到高約1公分，再放入烤箱烤10分鐘。
- 烤好後，將蛋糕倒扣在已經抹上薄薄一層油的烤盤上，蓋上一條乾淨的毛巾，放在室溫下冷卻（約30分鐘）。
- 巧克力隔水加熱融化。
- 將蛋糕用直徑5公分的鐵環切成12塊圓形。
- 用刷子將蛋糕刷上巧克力。
- 放置在通風處，讓巧克力變硬（約1小時）。

巴扎品斯餅

- 將蛋糕及軟凍組合成夾心餅的模樣即成。

研究發現

這道食譜應用鹿角菜膠在酸性中凝結的特性。醋的pH值呈酸性,而鹿角菜膠會形成網絡將醋凝結起來。

創意變化

想在一般菜色上加入一些特殊口感的凝凍,可以從酸性的食材下手(蘋果醋、柑橘類果汁等),再加入鹿角菜膠(每100g最多只能加1到2g)。先將兩種備料一起混合煮過,膠質的部分倒在烤盤上冷卻。冷卻後的凍膠可以與水果或蔬菜所做的沙拉、可麗餅、蛋糕甜點等混合,然後切成薄片或小顆粒。

發泡作用
L'effervescence

發泡作用是指液體中有氣泡的狀態。當酸性與鹼性相結合時，就會產生發泡作用。舉例來說，將檸檬酸與小蘇打粉混合在一起，再用水溶解，這時酸與鹼結合產生化學作用，生成二氧化碳，因此能在水裡產生氣泡。

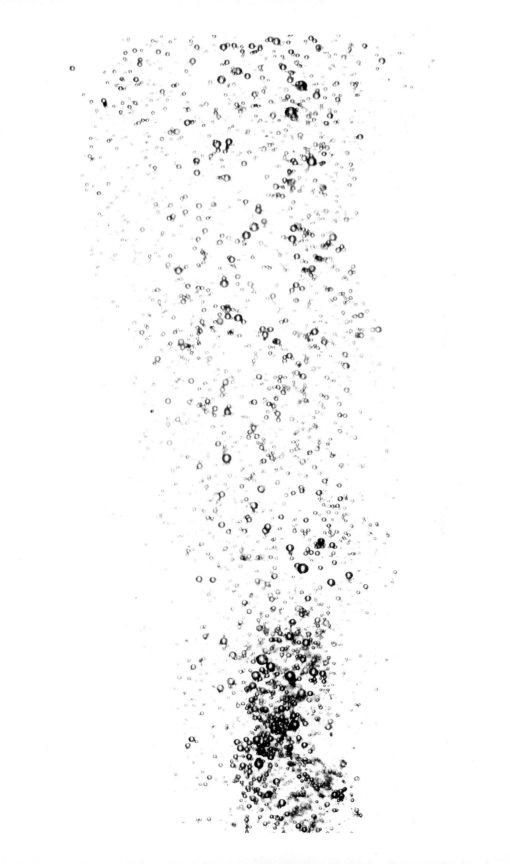

6人份
準備時間10分鐘
烹調時間13分鐘
靜置時間30分鐘
冷藏時間2.5小時

材
料

淡色啤酒慕斯
200ml淡色啤酒
10g 細砂糖
4g 明膠（2片）
2g 小蘇打

檸檬果凍
2大顆檸檬汁（約100ml）
50g 細砂糖
3g 寒天

扭扭樂：「鹼味」淡啤酒慕斯、檸檬果凍
Twist : Mousse de bière blonde « basique », gelée de citron

操
作
方
法

「鹼味」淡啤酒慕斯
- 將明膠片浸入冰水使其軟化。
- 取平底鍋，倒入啤酒及糖一同加熱。
- 啤酒煮開後，馬上離火並加入明膠片，用打蛋器攪打，讓明膠片完全溶入啤酒裡。
- 放置室溫下冷卻（需時約10分鐘）。
- 加入小蘇打用打蛋器攪打。
- 再將啤酒的混合液倒進奶油槍裡。
- 放置冰箱冷藏至少2小時。

檸檬果凍
- 取平底鍋，將檸檬汁（先用濾網過濾過）跟糖一起加熱。接著將寒天粉撒到鍋裡，用打蛋器攪拌，盡量不要混入太多空氣。水滾後再煮2到3分鐘，並不時攪拌。
- 離火後，將果汁倒入6個小玻璃容器。
- 先在室溫下放涼（約30分鐘），然後放到冰箱裡冷藏（約30分鐘）。

扭扭樂
- 在奶油槍裡裝上氮氣瓶，鎖緊後上下用力搖晃。
- 將啤酒慕斯打進玻璃容器裡（啤酒慕斯的份量必須是檸檬果凍的兩倍，因為最重要的是 —— 要讓人在口中感受到氣泡翻騰的感覺）。
- 完成後應立即食用。

研究發現

酸性（從檸檬汁而來的檸檬酸及維生素C）及鹼性（小蘇打）在玻璃杯裡形成兩種不同的口感。檸檬汁做成果凍，小蘇打則混合到啤酒慕斯裡。在口中，唾液讓兩種成分互相接觸，釋放出二氧化碳。帶有氣泡的口感因此而來。

創意變化

用其他酸性風味（例如巴薩米克醋果凍、柑橘慕斯等）來替代檸檬果凍，而「鹼味」啤酒慕斯也可用其他風味（例如芒果慕斯、汽水凍等）來取代，然後在裡面加入小蘇打（100g當中最多加1g小蘇打）。將此兩種備料以正確的比例結合，就能在口中產生另一番新感受：在舌尖霹靂啪啦地跳動！

6人份
準備時間 5 分鐘
烹調時間 20 分鐘
靜置時間 30 小時

材料

100g 細砂糖
50ml 水
0.2g 檸檬酸
0.2g 小蘇打

啾巴棒棒糖：氣泡焦糖棒棒糖
Chupa : Sucette de caramel effervescent

操作方法

- 小蘇打用一大匙的水調開。
- 取平底鍋，將糖、水及檸檬汁一起用中火同煮，不必攪拌，一直煮到糖漿呈褐色（約 15 至 20 分鐘）。
- 焦糖離火後倒入小蘇打溶液，快速地拌勻（混合時會產生大量的泡沫，須小心炙熱的糖漿噴濺出來）。
- 馬上將糖漿分成 6 份，倒在鋪了烤盤紙的烤盤上，將糖漿攤平，用力把竹籤壓進糖漿裡。
- 放在室溫下冷卻變硬（約 30 分鐘）。
- 放置冰箱冷藏保存。

研究發現
將糖、檸檬酸及水混合後加熱。小蘇打加到混合液後,會與檸檬酸產生反應,形成二氧化碳,也就是泡沫產生的原因;另外,加入小蘇打可以中和備料的酸性,有助於焦糖化作用的反應。棒棒糖冷卻後,可以得到封鎖住二氧化碳氣泡的焦糖。

創意變化
在酸與液態材料結合後,就會讓液態材料產生「泡泡」,接著利用某些材料(如焦糖、快速凝膠、快速冷凍等)快速凝結的特性,將這些泡泡鎖在裡面。我們也可將一些粉狀的酸性物質加到鹼性的液體裡,或反過來將鹼加到酸裡。我們也可在最後階段加入檸檬汽水或少許的小蘇打,仔細觀察裡面發生的變化;或者在液體裡加入以少許粉狀酸性物質及小蘇打做成的那種泡在飲料裡的調味發泡錠。

發酵作用
La fermentation

發酵作用是指當菌種遇到水、營養物質，並處在適合溫度下所產生的增生作用。

我們可以將發酵作用區分成兩種不同的形態：酒精發酵作用（在啤酒、麵包等製作過程中產生），會將糖分轉變成酒精及二氧化碳；而另一種發酵作用為：乳酸發酵作用（在優格、乳酪等製造過程中產生），會將糖分轉變成乳酸。

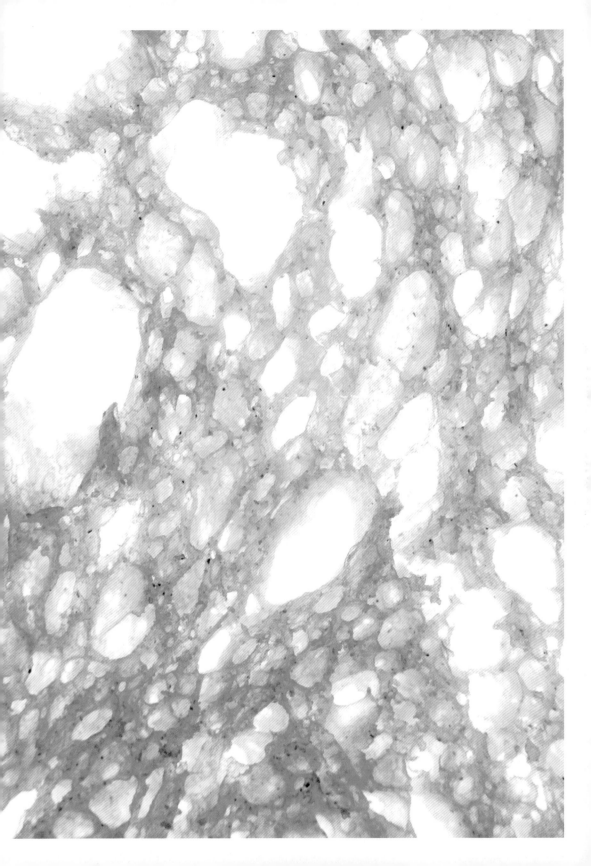

8個125g的優格　8▨

準備時間15分鐘　◕

烹調時間15分鐘　◕

放置時間4小時　4◒

冷藏時間4小時　4❄

材料

胡蘿蔔糖漿

100ml胡蘿蔔汁

1/4顆的檸檬汁

50g細砂糖

芫荽優格

1罐原味優格

1l全脂保久乳

4大匙細砂糖

10g連枝新鮮芫荽

摩洛哥式優格：芫荽優格、胡蘿蔔糖漿

Yaourt marocanisé : Yaourt coriandre, sirop de carotte

操作方法

胡蘿蔔糖漿

- 取平底鍋，將胡蘿蔔汁、檸檬汁及糖一起煮開，再以小火濃縮到原來1/2的份量（約10分鐘）。

- 將濃縮好的胡蘿蔔糖漿倒入碗裡，放在室溫下冷卻（煮好的狀態應該要像糖漿的稠度，冷卻後的稠度應該要像蜂蜜一樣濃稠才行，如此才不會跟優格混合在一起。）

芫荽優格

- 取平底鍋，將一半的牛奶、糖及芫荽一起加熱，不時攪拌。煮開後馬上離火，並用濾網過濾。

- 用木匙將另一半的牛奶和優格一起攪拌均勻。

- 將熱牛奶倒入優格裡，用力攪拌，牛奶與優格混合後溫度應該在40℃左右。

- 每個裝優格的瓶子裡先放入一湯匙的胡蘿蔔糖漿，接著將優格輕輕倒入瓶中。

- 蓋上瓶蓋，或用保鮮膜包起來再用橡皮筋固定住。

- 接著把瓶子放入低溫烤箱以40℃烘烤，或放進已經關掉但還有餘溫的烤箱裡，烤箱溫度約50℃到60℃（並且不時讓風扇運轉）；也可在壓力鍋裡使用隔水加熱法，放入優格並緊蓋蓋子，若採用此法，應先將水煮開，再加入與鍋中相等份量的冷水即可。

- 將優格放在烤箱或壓力鍋裡最少4小時，然後把優格放到冰箱再冷藏4小時。

研究發現　優格在這裡所扮演的角色是替乳類發酵作用帶來必要的菌種（保加利亞乳酸桿菌及嗜熱鏈球菌）。水分（從牛奶而來）、糖分（額外加入，以及牛奶本身成分）及溫度（約在 40℃）可加速菌種的繁殖。在乳類發酵作用產生時，會重組牛奶裡的蛋白質結構並造成凝結現象，因而製作成優格。

創意變化　可以將優格以其他含有菌種的食材取代（含有比菲德氏菌或C菌做的優酪乳、紅茶菌飲品、克菲爾菌等）。將其與牛奶混合，靜置數小時完成發酵（時間依菌種的發酵狀態而定），溫度維持在 40℃左右。這種自製優格可依個人喜好來決定濃稠度或口味的酸度，也可加入香精（杏仁、薄荷）、香味、香料等。

6人份
準備時間5分鐘
烹調時間3分鐘
靜置時間1小時
冷藏時間1晚

000
000
🕐
🕐
●
10❄

材
料
1l麝香葡萄汁
2.5g 麵包酵母（新鮮）

泡沫麝香葡萄酒：發酵麝香葡萄汁
Muscat perlant : jus de raisin muscat fermenté

操
作
方
法

- 將麵包酵母用一點溫葡萄汁調開。
- 混合後放在一旁靜置最少10分鐘。
- 取平底鍋，將剩下的葡萄汁稍微溫過（約在40℃）。
- 在溫葡萄汁裡加入麵包酵母的調和液。
- 將酵母與葡萄汁混合均勻後，蓋上一條乾淨的布巾，放到溫度較高的地方，讓其自行發酵1小時，例如放進預熱到50℃留有餘溫但已關掉的烤箱裡。
- 再放進冰箱約一晚的時間。
- 可作冷飲來飲用。

研究發現

麵包酵母在這裡扮演的角色,是帶來酒精發酵所需的菌種。水分及糖分(存在於葡萄汁裡)因為溫度的關係(葡萄汁被加熱到40℃),更加速菌種的繁殖。在酒精發酵的過程中,菌種會產生二氧化碳,如此就可以獲得帶有氣泡的果汁。

創意變化

將麝香葡萄汁以其他果汁代替(白葡萄汁、蘋果汁等)。加入少許的麵包酵母(每100g最好加入0.2到0.3g的酵母),放在溫暖的地方數小時讓其發酵。最後放置冰箱冷卻,就能得到清涼的發酵飲料,在口中不斷生成「氣泡顆粒」,成為另一種新式的氣泡飲料!

量匙計量對照
Équivalences de poids / cuillères doseuses

使用量匙應以平匙來計量（被計量的材料要完全填滿整個量匙及邊緣），計量時，用刀片將表面刮平，去除多餘的材料。

這不是唯一的計量方法。有時即使是同樣的材料，也會因製造廠商不同而讓產品的特性有所不同（如粉狀物的顆粒大小）。所以建議您最好使用精密磅秤來秤重。

每次使用量匙測量不同材料及使用完畢後，都應該清洗量匙。

計算範例：
- 已知：
  0.8%代表在100g的備料裡有0.8g的粉末
- 以300g的備料來說，應該需要多少公克的寒天呢？
  每100g的備料裡有0.8g的寒天；
  如果300g的備料裡有Xg的寒天，可以得知：
  $X / 0.8 = 300 / 100$，從這裡可以算出：$X =（300 / 100）\times 0.8 = 2.4g$。
接著，依據計量對照表的指示，可以用下列計量取得2.4g的寒天：
1匙的0.63ml + 1匙的1.25ml + 1匙的2.5ml

量匙計量對照表

（以公克計）	0.63ml 1/8小匙	1.25ml 1/4小匙	2.5ml 1/2小匙	5ml 1小匙	15ml 1大匙
寒天	0.4	0.6	1.4	2.8	8.3
海藻酸鈉	0.6	0.8	1.9	3.9	11.6
鈣離子鹽	0.5	0.7	1.5	3.2	9.5
鹿角菜膠	0.6	0.9	2	4.1	12.1
檸檬酸	0.6	0.8	1.9	3.9	12.1
小蘇打	0.8	1.2	2.6	5.5	16.5
維生素C	0.7	1.0	2.3	4.8	14.0
大豆卵磷脂	0.4	0.5	1.2	2.6	8.1

溫度轉換對照
Équivalences de chaleur

華氏與攝氏溫度之間的轉換並不是呈線性增減，所以我們在此建立一個簡單的規則，將定溫器設定以30度為一個級數，列出相對應的相近攝氏溫度。為了讓數值更正確，在溫度轉換對照表中，我們列出華氏溫度及攝氏溫度的確切數值，再取其相近值，如此才能更貼近實際的數值。
如果要得到確實的溫度，轉換公式如下：

$$T°F = ((9 \times T°C) \div 5) + 32$$
$$T°C = ((T°F - 32) \div 5) \div 9$$

攝氏溫度	攝氏溫度略值	華氏溫度	烤箱溫度級數 1 到 10
37.77	40	100	1
51.66	50	125	
65.55	65	150	2
79.44	80	175	
93.33	95	200	3
107.22	105	225	
121.11	120	250	4
135.00	135	275	
148.88	150	300	5
162.77	165	325	
176.66	175	350	6
190.55	190	375	
204.44	205	400	7
218.33	220	425	
232.22	230	450	8
246.11	245	475	
260.00	260	500	9
273.88	275	525	
287.77	290	550	10

名詞解釋 Glossaire

Agent réducteur 還原劑
含有一個或數個電子的分子（也就是氧化物），因為還原劑的作用改變氧化還原反應（利用化學反應，將電子從其中一個分子轉移到另一個分子上）。

Aqueux 水狀
形容用水做成的東西，或是以水為基礎的溶液。

Arôme 香氣
由植物而來的芬芳氣味，也稱為「馨香劑」。

Coagulation 凝結作用
蛋白質因為物理的媒介（熱能、攪拌等）或化學的媒介（酸鹼質、酵素等）產生反應結合在一起，形成網絡的作用。

Dispersion 分散作用
固體、液體或氣體均勻散布在另一個物體當中。

Dissolution 溶解作用
這個名詞是從「溶解」（dissoudre）這個動作而來。將兩個不會互相反應作用的物質均勻地混合在一起。

Enzyme 酵素
可以幫助產生化學反應的蛋白質。酵素是一種生物催化劑。

Ferment 酵母
產生發酵作用的微生物。

Goût 味道
進食時綜合所有感官所產生的整體感覺，是集合了風味、氣味、溫度等各種觀點的結論。

Hygroscopique 吸濕性
成分含有能吸收空氣中水分的特性。

Micro-organisme 微生物
從顯微鏡才能觀察到的生物體，如酵母、細菌。

Miscibilité 混溶性
成分含有能在溶液中混合的特性。

Molécule 分子
原子以化學的方式產生穩定或非穩定的結合體。

Organoleptique 感官效果
食物的特性所帶來的感受（視覺、嗅覺、觸覺、味覺及聽覺），因此得到對於食物的認知。

pH酸鹼質

一種用來測量水溶液酸度的產品，是「potentiel hydrogène」（氫離子濃度）的縮寫。如果被測量的溶液呈「酸性」，那麼pH值會在7以下；如果溶液呈「鹼性」，pH值則在7以上；呈「中性」時，pH值等於7。

Polysaccharides 多醣體

多醣體是由單醣聚合後所形成的長鏈形排列。

Protéines 蛋白質

蛋白質是由胺基酸分子聚合後呈長鏈形排列所形成。

Réseau 網絡

分子之間結合所形成的組合體。

Sapide 滋味

有味道的。

Solubilisation 溶解作用

與前頁的「溶解作用 Dissolution」意思相同。

Tensioactif 界面活性劑

一種具有降低水或液體表面張力功能的分子。這種分子裡有一部分可溶於水，有一部分不溶於水，這種特性可以用在乳化作用上。

Viscosité 黏稠度

液體流動時的阻力強度。

....

相關機構

如有興趣了解分子廚藝領域的最新科學研究成果，請洽詢：
「分子廚藝實驗室」（Laboratoire de Gastronomie Moléculaire）
UMR 214 INRA
Institut des sciences et industries du vivant et de l'environnement
(AgroParisTech)
16, rue Claude-Bernard, 75005 Paris, France
http://www.inrae.fr/

有關分子料理食材、用具及分子廚藝課程資訊，請洽詢：
「創新料理公司」（Société Cuisine Innovation）
16, rue E. Estaunié, 21000 Dijon, France
http://www.cuisine-innovation.fr

其他資訊請洽詢：
www.sciencesetgastronomie.com

食之華11

創新前衛的分子料理（暢銷普及版）
20種容易理解的技法‧40道顛覆味蕾的食譜

原 書 名	Petit Precis de Cuisine Moleculaire
著　　者	安娜‧卡卓 Anne Cazor、克莉絲汀‧雷納 Christine Liénard
攝　　影	朱利安‧阿塔 Julien Attard
譯　　者	蒲欣珍
特約編輯	呂庭庭

總 編 輯	王秀婷
責任編輯	徐昉驊
版權行政	沈家心
行銷業務	陳紫晴、羅伃伶

發 行 人	涂玉雲
出　　版	積木文化
	104台北市民生東路二段141號5樓
	電話：(02) 2500-7696　　傳真：(02) 2500-1953
	官方部落格：http://cubepress.com.tw
	讀者服務信箱：service_cube@hmg.com.tw
發　　行	英屬蓋曼群島商家庭傳媒股份有限公司城邦分公司
	台北市民生東路二段141號11樓
	讀者服務專線：(02)25007718-9　　24小時傳真專線：(02)25001990-1
	服務時間：週一至週五上午09:30-12:00、下午13:30-17:00
	郵撥：19863813　　戶名：書虫股份有限公司
	網站：城邦讀書花園　網址：www.cite.com.tw
香港發行所	城邦（香港）出版集團有限公司
	香港九龍九龍城土瓜灣道86號順聯工業大廈6樓A室
	電話：852-25086231　　傳真：852-25789337
	電子信箱：hkcite@biznetvigator.com
馬新發行所	城邦（馬新）出版集團
	Cité (M) Sdn. Bhd. (458372U)
	11, Jalan 30D/146, Desa Tasik, Sungai Besi,
	57000 Kuala Lumpur, Malaysia.
	電話：603-90563833　　傳真：603-90562833

封面設計	楊啟巽
內頁排版	劉小薏
製　　版	上晴彩色印刷製版有限公司
印　　刷	東海印刷事業有限公司

國家圖書館出版品預行編目資料

創新前衛的分子料理：20種容易理解的技法.40道顛覆味蕾的食譜／安娜.卡卓 (Anne Cazor), 克莉絲汀.雷納(Christine Liénard)合著；蒲欣珍譯. – 二版. – 臺北市：積木文化出版：英屬蓋曼群島商家庭傳媒股份有限公司城邦分公司發行, 2021.02
　面；　公分
譯自：Petit Precis de Cuisine Moleculaire
ISBN 978-986-459-266-1(平裝)

1.烹飪 2.食譜 3.分子原理

427.8　　　　　　　　110000413

城邦讀書花園
www.cite.com.tw

2010年1月20日 初版1刷
2024年1月2日 二版2刷
售價／480元
ISBN: 978-986-459-266-1

Printed in Taiwan

旅遊生活

養生

食譜

收藏

品酒

設計　語言學習

育兒

手工藝

靜態閱讀，互動 app，一書多讀好有趣！

CUBE PRESS Online Catalogue
積木文化‧書目網

cubepress.com.tw/books

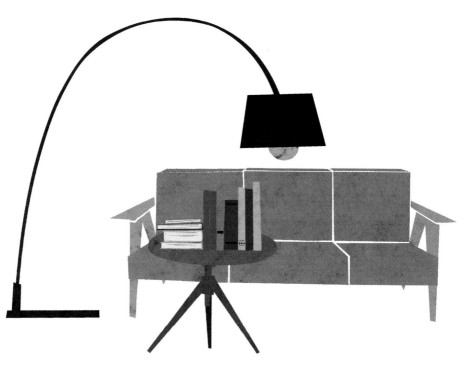

LIGHT　HANDS　art school　遊藝館　五感生活　飲饌風流　食之華　五味坊　漫繪жан　deSIGN⁺　wellness